大是文化

リーダーに絶対役立つ韓非子

韓非子領導學

長銷26年，熱銷突破30萬冊的暢銷作家
中國古典文學權威、超譯典籍第一人

守屋洋——著
羅淑慧——譯

王者的教材，
你對人性不再失望，
而是為你所用。

（原版書名：絕對有用的韓非子領導學）

目錄

第三章
察覺六種微妙警訊，鞏固你的領導權 107

第四章 十種錯誤害領導者自取滅亡 135

第五章 領導者如何「伺候」上位者 187

第六章 看透澈的韓非，帶你讀人心 221

（原版書名：絕對有用的韓非子領導學）

推薦序一

如何駕馭人性裡的「惡」？

《經理人月刊》總編輯／齊立文

首先我要坦承，在答應為《韓非子領導學》撰寫推薦序之前，我對於韓非、對於法家集大成著作《韓非子》的認識，都僅限於國、高中歷史課本的範圍裡，不外乎「法家」、「法、術、勢」、「人性本惡」這幾個字詞，對於韓非其人其書相關的歷史背景、知識脈絡都極其淺薄。

因此，我閱讀本書的動機再單純不過：親近一部超過兩千年歷史的國學經典著作，跟著作者守屋洋對這部中國古典著作的「超譯」，戴上「管理學」的眼鏡，領受韓非體悟出來的領導與組織治理智慧，也帶給自己學習新知的快樂。

如果單單從這一個層面來看，這本書可以說是達成了這樣的功能。作者從《韓非子》的十餘萬字中，挑出了許多好看有趣、發人深省的故事，還有些一看就耳熟能詳的典故，讓人看了就忍不住說，「原來出處是這裡啊！」更重要的是，看完這本書以後，你很有可能像我一樣，會興起這樣的念頭：回去讀《韓非子》的原典，因為「應該會很好看才是」。

理解「性本惡」和駕馭「性本惡」，是兩回事

當然，本書作者的本意絕對不只如此，他主要是想帶領讀者從「組織管理」、「領導帶人」的角度去理解《韓非子》，而且主張「人性的自利」是組織領導者或主管絕對不能有片刻忘卻的心理。而既然人性都是傾向於趨吉避凶、逐利為己，那麼套用作者的話，領導者想要坐穩位置、保有權力，關鍵只有一個：別相信任何人。

關於人心叵測、官場（職場）詭譎難料的說法，不管你是耳聞謠傳或親身經歷，都不是出人意表的觀點。說不定你根本不用讀《韓非子》，也曾經在生

活的某些時刻，對自己或親朋好友說出「不要太相信人」的話。

問題就在於，對於「人性本惡」空泛的想像、自以為是的理解，未必真的就能確保你在職場上、一生裡，不受他人的機巧、自私、貪婪所害。

就像晉文公在決定將原國交付給誰管理時，想到了忠誠保全食物的箕鄭，認為他絕對不會叛變。於是想將原國交給他管理，沒想到日後，箕鄭起了謀反之心。

連看似忠心耿耿的臣子，都不能夠相信，韓非想傳達的訊息是：「明君不要期望對方不背叛自己，而是要採取就算對方想背叛，也無法實際行動的態勢。」（見第五十八頁）

如何做到「不可判」、「不可欺」？

書中從《韓非子》的諸多篇章中，提出了許多具體的建議，包括：領導者絕對不可授予他人的權術，也就是「獎賞和懲罰」（二柄）；有效駕馭部屬、避免欺上瞞下的七個方法（七術）；洞悉部屬是否有不軌意圖、叛亂之心的六個徵兆（六微）；領導者絕對不能犯的十個錯誤（十過）；以及如果你想要向上司提供建言，如何做好向上管理、不至於惹禍上身的提醒（說難）。

在閱讀的過程中，你可能會點頭稱是，覺得自己正是賞罰不夠嚴明、心思不夠算計，所以在職場上吃不開、走不順；也可能會覺得這樣想、那樣做未免太心機、狡詐，認為信任、授權終究還是職場關係的可長可久之道。

比方說，書中提到的「吳起吮膿」（見第二四九頁），很多人讀到這個故事時，都稱讚吳起帶人帶心，因而能夠贏得部屬的「死忠追隨」。不過，本書是這樣詮釋的：「吳起就是料到士兵會有這種感恩的心理，才大膽幫士兵吸膿。對主管來說，這種程度的演技有時候是必要的。」

不管你的想法是什麼，最珍貴都是你與韓非進行思想的對話，對你所產生的啟發。

（本文作者齊立文，臺大社會學系畢業，曾任報社編譯、《哈佛商業評論》中文版主編，二〇〇四年起任職於《經理人月刊》至今，歷任採訪編輯、主編、副總編輯、總編輯。）

推薦序二

讀懂人性，是解開領導管理問題的鑰匙

創新管理實戰研究中心執行長／劉恭甫

我在多家大型企業進行創新專案輔導時，經常與許多優秀的主管交流，因此我針對數百位高階主管進行訪談以及數千份問卷中，找出所有主管最煩惱的領導與管理問題。

當我今天閱讀《韓非子領導學》後，內心非常激動，一方面是《韓非子》是戰國時代的思想家韓非的著作，而且《三國志》裡的諸葛孔明把《韓非子》當成帝王學教材，傳授給年輕王儲。另一方面，是因為我發現在我的著作《不懂這些，別想加薪》中整理的領導管理問題，在將近兩千五百年前竟然有非常驚人相似的存在。

身為管理者，你是否每天都被這些問題困擾：

・部屬總是無法真正執行你的指令？
・組織裡充斥著派系鬥爭，你卻無力阻止？
・你渴望建立自己的威信，卻總是事與願違？
・你想要向上管理，卻找不到有效的溝通方式？
・看著別人帶領團隊輕鬆又有效率，你卻深陷管理泥沼而無法自拔？

我認為本書解決以上問題最重要的一點，就是人性。你可以將職場上的人性理解為「職場爾虞我詐、職場勾心鬥角」。讀懂人性，是解開這一切問題的鑰匙。

想讀懂人性，你絕對需要《韓非子領導學》。本書以中國古代法家思想家韓非子的著作為基礎，結合現代職場管理的實際情況，為你提供一套獨特的領導指南。不同於一般領導學書籍強調的溫情管理，書中直指人性的弱點，並教你如何利用人性的規律，有效駕馭部屬，讓他們心悅誠服的為你工作。面對管理難題，大多數的管理學書籍常常忽略了人性的真實面，唯有認清人性的弱點，才能找到真正有效的管理方法。

如何有效駕馭部屬？本書主張賞罰分明才是王道。讓部屬清楚的知道，獎勵與懲罰都與他們的表現息息相關。

要怎麼避免部屬欺上瞞下？書中「御臣七術」讓你洞悉部屬的真實想法，杜絕欺瞞行為；該怎麼洞察部屬可能犯錯的徵兆？六種徵兆讓你及早發現潛在的威脅，防患於未然；想避免犯下致命的管理錯誤，作者剖析管理者常犯的十種錯誤，讓你引以為戒，避免重蹈覆轍；如何向上管理，說服主管？書中教你如何揣摩主管心理，找到最有效的溝通方式，讓你的想法被接納！

不管你是深陷職場困境，不知如何走出來，還是想在職涯上闖出一番天地，本書必會給你很大的收穫和幫助。除此之外，更涵蓋了人際關係的本質、職場中的自我保護、應對挑戰的智慧等豐富內容，是每位職場管理者都不可或缺的領導指南！

自序
諸葛亮最推崇、王者的教材

二十一世紀至今，已邁入第二十五個年頭。世界在這段期間多次遭逢急遽變化，這股洪流今後似乎將變得更加急速、狂湧。或許是因為所有的人、事、物越發全球化的關係，也可以說是必然的趨勢。

該怎麼做，才能在這樣的時代洪流中倖存？

過於順遂的人生，反而是種不幸。千萬不要讓人以為你脆弱得不堪一擊，否則將無法與世界為伍。現代人應該斬斷恃寵而驕和相互依賴，成為獨當一面的人。首先，必須看清人類社會的生存實態、武裝自己的心、強化你的心理素質。而有利於武裝心靈的中國古典哲學，非《韓非子》莫屬。

《韓非子》是戰國時代的思想家韓非的著作。全書共有五十五篇，總字數達十餘萬之多。後世認為《韓非子》全書並非全部出自韓非之手，不過其根源已不可考。**如果用一句話來描述《韓非子》的特色，那就是站在「別相信任何人」的角度，追求權力的理想狀態。**以冷眼看待人世，但事事有自己的評論；積極接觸人群，但又不希望離自己太近的角度，追求權力的理想狀態。換句話說，看得越透澈的人，其實越強悍。

想冷眼看透人性面貌、冷靜剖析權力本質，想突顯主管的困境，藉以摸索出維持權力的途徑，除了《韓非子》之外，別無其他。就這層意義來看，《韓非子》是領導者或主管都必須閱讀的一本書。

《三國志》裡的諸葛孔明是知名宰相，他在首任君主劉備身故之後，輔佐第二任君主劉禪，因而廣受眾人景仰。孔明在劉禪還是皇太子時期，便極力推薦劉禪閱讀《韓非子》。換句話說，孔明把《韓非子》當成傳授帝王學給年輕王儲的教材。

自古以來，許多人都把《論語》視為重要書籍；將《韓非子》視為珍藏的人卻很少。就領導者或主管的必讀文獻來說，《論語》絕對立於不敗之地，相較之下，《韓非子》則一直被視為旁門左道。主要原因來自於貫穿《韓非子》

全書「別相信任何人」的觀點。

雖然優秀的領導者或主管沒有大膽明言，不過，大多數人都是藉由鑽研《韓非子》，從中探尋最適合自己的理想管理法。不論你贊成與否，我都建議現代的管理者試著翻閱本書，必然會有收穫。

當我一邊重讀《韓非子》、一邊撰寫各位手中這本《韓非子領導學》時，主要是把重心放在組織管理方面，至於領導者或主管自身的理想做法，請容我予以省略。

倘若這本書能為現代的領導者或主管帶來些許益處，將是我最大的榮幸。

前言
王者口尊儒術，內心貫徹韓非

貫穿《韓非子》全書的重要理念，便是「別相信任何人」的哲學。

促使人們採取行動的動機是什麼？既不是愛情、關懷、情理，更不是人情，人們之所以採取行動，原因只有一種——那就是利益。人類是會為了利益而採取行動的動物，這就是《韓非子》一書的見解。

韓非曾說：「鰻魚像蛇、蠶似燭火。人見蛇心驚膽顫，見燭火則毛骨悚然。然而，漁夫卻敢徒手握鰻，婦人則能用手拾蠶。只要利益當前，任誰都會忘記恐懼，化身成勇者。」（編按：原文為「鱣似蛇，蠶似蠋。人見蛇則驚駭，見蠋則毛起。漁者持鱣，婦人拾蠶，利之所在，皆為賁、諸。」）

當然，每個人都有各自的立場與利害關係（編按：原文為「好利惡害，夫人之所有也。」），不論是君主、臣子、丈夫，還是妻子皆只有利害，別無其他；因為每個人照著自己的立場，主動追求的利益也大不相同。韓非引用了這樣的例子：

衛國的某對夫妻向上天祈禱。

妻子祈禱：「神啊，請賜給我一百捆布匹。」

丈夫則說：「求得太少了吧！」

聽到丈夫這番話，妻子回答：「祈求太多，你還不是拿去給小妾？」

就連同住一個屋簷下的夫妻，都有如此大不相同的利害關係，更別說是君主和臣子之間了，這就是《韓非子》想傳達的觀念。

看透，你對人性就不再絕望

如果在立場、利害關係不同的情況下，打從心底信任對方，恐怕會招致無法挽回的失敗。總之，就是**別相信任何人，唯一能夠相信的，只有自己**。

韓非認為人只有自私，並無仁義可言，更不用教之以禮。韓非曾這麼說：「不要期望對方不背叛自己，而是要採取就算對方想背叛，也無法實際行動的態勢；不要期望對方不狡猾、耍詐，而是採取就算對方想這麼做，也沒辦法得逞的做法。」

在韓非眼裡，**人是無可救藥的，只有以嚴刑峻法禁止他們違規**，不求禮愛教化使王天下。值得注意的是，韓非**並不是對人性感到絕望，而是捨棄一切的舊有觀念及一廂情願，看清人心的現實罷了**。讀到這裡，大家應該不難想像，他的雙眼有多麼雪亮。

結合「法、術、勢」，強者的組織管理

韓非提倡「別相信任何人」的觀點，以獨特的統治理論，對主管（領導者）提出各種領導統御的建言。他的統治理論核心是，「法、術、勢」這三個

要件。

在韓非之前，法家最具代表性的思想家與政治家，分別是秦國的商鞅、韓國的申不害、以及齊國的慎到。韓非結合了商鞅的「法」、申不害的「術」、慎到的「勢」，完成獨創的統治理論，同時將該理論作為組織管理及領導統御的基本原則。

所謂「法」，就如字面上意思，指的是法律。這是人民應該遵循且唯一絕對的標準，同時，法律必須明文規定，並且對人民公告周知。君主必須讓人民徹底了解其法律、掌握組織紀律，並立足於法律之上，採取嚴密監視。

所謂「術」，就是透過「法」控制臣子的技巧。韓非曾表示：「術是不可見光的技巧。君主應該將其術暗藏於心，仔細觀察比較，祕密的操控臣子。」他同時也說：「只要使用術來治理天下，即便自己高坐朝堂，容態猶如處子般閑靜，國家仍然可以平順、康泰。反之，如果不善加運用『術』來治理，就算勞瘁消瘦，仍然事倍功半、難收成效。」

最後的「勢」，則是權勢或權限的意思。《韓非子》記載了這樣的故事：

從前，魏昭王想親自擔任判官審理案件。於是，他找了宰相孟嘗君來。

魏昭王：「寡人想親自當判官審理案件。」

孟嘗君：「既然如此，請先熟讀法律吧！」

魏昭王馬上翻閱法律書籍，可是，讀沒多久便開始打起瞌睡。

接著，他又這麼說：「寡人還是不適合鑽研法律。」

韓非引用這個故事之後，補充了下列註解：「君主只要掌握權力的核心就夠了。如果連臣子該做的事都要插手干預，當然會困倦。」

這裡所說的掌握權力核心的狀態，就是「勢」。簡單來說，就是**掌握對臣子生殺予奪的權勢**。因此，只要不輕易放掉權勢，就可以隨自己的心意控制底下的人。如前文所說，貫徹「法」、運用「術」、掌握「勢」，就是駕馭臣子、統治組織的訣竅，這正是《韓非子》一書的重要主張。

就算不用特別說明，大家應該也不難想像，韓非於書中假想的君主（現代人則可想像為主管或領導者）形象是孤獨的。然而，**如果沒有足以承受孤獨的堅強個性，就沒有立足於上位的資格**，這似乎也是韓非想闡述的論點。

後世不認他，卻人人學他

《韓非子》的作者韓非，活躍於距今兩千兩百多年前，當時已接近戰國末期。戰國時期是由燕、秦、楚、齊（田齊）、韓、趙、魏等七個強國（即戰國七雄）相互抗爭、對立的時代。然而，在各國持續發動血腥戰爭的同時，儒家、墨家、道家、法家等諸子百家的思想流派輩出，並各自提出「治國平天下」的理念，展開激烈論戰。其中，韓非承襲了法家思想，並將法家理論集大成，成為諸子百家的完美句點。

韓非在前三世紀初，出生於韓國。當時，正是戰國七雄之爭接近尾聲的時期，秦國的優勢已然穩固。韓非是韓國的庶公子（此處的公子指王子，庶公子為妾室所生之子），身分尊貴。但即使身為公子，卻仍因不是嫡出（正室所生），而沒能享有太多的特權。

韓非年輕時拜師趙國的荀子門下。荀子在鑽研儒家學問的同時，提倡「性惡說」，在諸子百家之間大放異彩。後世認為，韓非之所以強調「別相信任何人」，就是因為荀子的深刻影響。順道一提，在這個時期，韓非有一位名為李斯的同門，之後成了秦始皇的宰相，據說李斯私下其實相當讚賞韓非的才能。

韓非學成歸國後，沉浸在寫作之中。因為天生就有嚴重的口吃，所以不善雄辯。因此，他便透過最擅長的寫作，來讓世人了解自己的理論。

可是，韓非在自己的國家（也就是韓國），完全無法得到認同。韓國原本就相當弱小，或許正因如此，眾人毫無餘力去注意當時相當前衛的韓非理論。這時候，一名出乎意料的伯樂出現在失意的韓非面前，那就是秦國的秦王政（即嬴政，也就是日後的秦始皇）。據說，秦王政讀了韓非的著作後，對韓非激進、強烈的政治主張深表認同，於是他想出了計策，將韓非喚至秦國。

然而，韓非到了秦國後，遭到過去的同學李斯誣陷、被迫自殺。當時，李斯以心腹的身分，深受秦王政重用。李斯或許擔心韓非一旦受到任用，會威脅到自己的地位，於是，他向秦王政進言：「此人是韓國公子出身，怎麼可能真心對秦國貢獻己力？儘管如此，如果就這麼放他回去，恐怕會把我國的內情透露出去，還是趁現在處置比較妥當吧。」

秦王政聽了李斯的慫恿，便把韓非關進大牢。接著，李斯馬上把毒藥送進大牢，逼迫韓非自殺。絕望的韓非只好乖乖服毒自盡，結束了自己的性命。當時是西元前二三三年，正是秦王政統一全國的十二年前。

然而，日後當秦王政一統天下，他用來統治天下的理論基礎，正是韓非這位不幸思想家的主張。不光是如此，在之後的數個時代，以確立權力為目標的執政者們，也都偷偷以韓非的遺作《韓非子》作為理論依據。

韓非若是地下有知，或許也能安心瞑目了。

第一章

這樣的心理準備，領導勝任愉快

1 如何善用部屬強項，同時讓他服你？

優秀的君主只要掌握兩種權力，就可以充分駕馭臣子——那就是刑與德。刑德是什麼？刑就是懲罰，德則是賞賜。

臣子往往害怕懲罰、喜歡賞賜。所以只要君主握有懲罰和賞賜兩種權限，就能讓臣子心驚膽顫、百依百順，乖乖按照你的心意操控。（編按：原文為「人主自用其刑德，則群臣畏其威而歸其利。」）

壞心眼的臣子會在這裡趁虛而入，假借君主的手懲罰自己不喜歡的人、獎賞自己所喜歡的人。**如果君主不親自行使賞罰權限**，並將這樣的大權交給臣子，會有什麼後果？組織裡的人會懼怕那名發號施令的臣子、輕視君主，最終屈服於該臣子，拋棄君主。換句話說，上位者一旦放掉賞罰的權限，就註定會面對這樣的結果。

韓非曾說：「老虎之所以能制服狗，在於牠擁有的利爪和尖牙。如果從老虎身上拔下利爪和尖牙送給狗，老虎反而會臣服於狗。」（編按：原文為「夫虎之所以能服狗者、爪牙也，使虎釋其爪牙而使狗用之，則虎反服於狗矣。」）

同樣的道理，君主能利用刑和德這兩種權勢來統治臣子。如果拋棄刑和德，將其借予臣子，君主反而會遭到臣子的統治。

人主者、以刑德制臣者也，今君人者、釋其刑德而使臣用之，則君反制於臣矣。——〈二柄〉

管理者萬萬不可不親自執行賞罰權限

齊國有位名為田常的重臣，當他把穀物出借給百姓時，總是用加大的斗斛秤量。齊國君主簡公知道此事後非但不生氣，還主動下放更多賞賜的權限給田常代為行使。結果，簡公便在不久後遭田常殺害。

宋國也有位名為子罕的重臣，向君主提出請求：「討人民欣喜的獎賞恩賜，請陛下自行定奪；至於會招致民怨的殺戮刑罰，就請交給微臣掌管。」於是，宋王釋出刑罰的權限，委由子罕代為行使。結果，宋王遭受被臣子逼退王位的命運。

田常行使的僅僅是賞賜的權限，就算如此，簡公還是被田常殺害；另一方面，子罕行使的權限只有刑罰，但宋王最後還是被迫退位。由此可知，當代的臣子一旦同時統攝刑、德兩種大權，君主面臨的危機，恐怕不光是像簡公或宋王這麼簡單。

古往今來，從沒有哪個國家在君主遭到劫持或蒙蔽、刑賞大權遭臣子橫奪執掌後，仍然可以倖存不滅亡的。

> 故劫殺擁蔽之主，非失刑德而使臣用之而不危亡者，則未嘗有也。——〈二柄〉

▼作者解說

這裡所說的君主，可泛指所有的領導者。領導者維持自身地位的關鍵，既非溫情、也不是關懷，**緊緊抓住賞罰權限不放才是王道**。韓非一直試圖去除表面的虛飾，力求更加貼近事物本質，從此處就能看出，他擁有看透權力本質的銳利目光。

自古以來，許多評論家總是從各個角度提出各種領導者理論，卻很少見到如此條理清楚的論點。「從沒有哪個國家在君主遭到劫持或蒙蔽、刑賞大權遭臣子橫奪執掌後，仍然可以倖存不滅亡的。」韓非這番斬釘截鐵的話，確實大快人心。正因韓非能貼近最真實的本質，才能有如此透澈的了解。

如何使部屬展現最大能力？請他自己說

若想防止臣子暗中耍詭計，君主就必須對臣子要求「刑名參同」，也就是

能力與功績必須一致（名實相副）。

韓非曾說：「有言者自為名，有事者自為形，形名參同，君乃無事焉，歸之其情。」君主根據臣子的言論和行為循名責實，使其各司其職。為此，君主要使臣子「一人不兼官，一官不兼事」，以免亂名而不能責實，違背名實相副的原則。

首先，**請臣子陳述自己的能力**，之後，君主會根據臣子的能力，授予相應的工作，並要求臣子做出與該工作相符的功績。只要工作與功績兩相符合，並且和陳述的能力（言論）一致，君主就給予獎賞；反之，當功績不符合工作，並且與陳述的能力不一致，則予以懲罰。

臣子對自己的能力過度浮誇，且做不出相應的功績（言大功小），就要給予懲罰。臣子受罰的原因並不是功績不理想，而是因為言論和功績不一致。另一方面，**當他對自己的能力過分自謙，卻做出超出能力的功績（言小功大），也要懲罰**。為什麼？當然不是對理想的功績感到不滿。而是因為**能力與功績不一致的危害，將遠遠超過他立下的大功**。《韓非子》中曾記載了以下故事：

從前，韓昭侯醉酒後打盹。掌帽官見狀，怕昭侯感冒，就自動自發的替他披上衣服。昭侯睡醒後發現身上多了衣服，便詢問身旁的侍從。

韓昭侯：「是誰幫寡人披的衣服？」

侍從：「掌帽官。」

聽完侍從的回答後，昭侯同時處罰了掌衣官和掌帽官兩人。

處罰掌衣官是因為掌衣官怠忽職守；掌帽官受罰則是因為他**插手職責以外的任務**。這並不是說昭侯不在意自己是否會因此感冒，而是他認為越權行為造成的危害，遠比感冒來得嚴重。

優秀的君主**不允許臣子為了立功而做出越權行為**；也不能容許能力和功績不一致。越權行為就該處死，言行不一也該有相應的懲罰。只要讓臣子恪守職責、要求做出與能力相符的功績，群臣就會專注於自身的表現，而無法結黨營私，這就是韓非管理組織的方法。

故群臣其言大而功小者則罰，非罰小功也，罰功不當名也；群臣其言小而功大者亦罰，非不說於大功也，以為不當名也害甚於有大功，故罰。——〈二柄〉

▼作者解說

本段介紹的業績評估標準，韓非稱之為「刑名參同」。前文提過，韓非說君主不可下放賞罰的權限，這就代表其背後存在信賞必罰（賞罰嚴明）的原則。可是，韓非認為的信賞必罰，並不光只是單純的有功必賞、有過必罰，而是「刑名參同」。「刑」是指達成的功績，「名」則是本人的言論，「參同」就是**指對照兩者後，進行評估的意思**。言論和功績不一致，就要處罰。這種情況，就算遭到處罰，也是沒辦法的事；然而，一旦實際功績超出當初的言論，也會成為處罰對象，這就是「刑名參同」的嚴苛之處，有助於部屬自我監控，主管也會更省力。

誠如我在前言提到的，貫穿《韓非子》一書的基礎就是「別相信任何人」。即便面對的是君臣關係（也就是主管對待部屬），韓非仍將其定位在對立面。韓非認為，對主管而言，「部屬」並不是百分之百服從自己之人，而是一群無法摸清楚他們究竟在想些什麼、做什麼的未知數，不容絲毫大意，且單憑尋常的方法根本無法駕馭。於是，他才會思考出這種「刑名參同」的極端方法。

領導者不得輕易展現內心真實想法

任用人才時，君主煩惱的是下列兩個問題。

首先是**人才運用的取捨**，如果任用有能力的賢才，那個人很容易就會恃寵而驕、並仗著自身優越的能力，威脅君主的地位（意即功高震主）。然而，另一方面，上位者若隨意**任用庸才（甚至廢柴）**、完全不考慮其素質優劣，將會造成日後工作上的阻礙。

更棘手的是，君主如果輕易展現出任用賢才的欲望，臣子就會想盡辦法展現實力，來迎合君主的喜好。如此一來，上位者就無法掌握臣子真正的實力（因為有可能都是裝出來的）；若無法掌握臣子的能力，便無法看清對方是否真的擁有才幹。

從前，越王勾踐欣賞勇者，結果國內出現了許多置生死於度外的人。楚靈王喜歡細腰的美女，結果國內接連出現許多為了追求苗條而絕食、最終餓死的女人。齊桓公喜好女色、心性善妒，於是，名為豎刁的男人便刻意去勢、混入宮中，被拔擢為後宮的管理者。此外，齊桓公喜愛珍饈，於是廚師易牙便殺了自己的長男、烹煮之後進獻給齊桓公。

除此之外，燕王子噲只要聽聞賢者，就會加以重用。了解此狀況的重臣子之，便佯裝賢者之姿，誆騙子噲，揚言就算把國家讓給他，他也不會接受，子噲信以為真的讓出國家，不料，子之不但欣然接受，還奪走了整個國家。

由上述眾多例子可知，當臣子知道君主討厭什麼的時候，他們就會將那些可能遭致討厭的缺點隱藏起來。此外，如果君主表明自己的喜好，臣子就會為了迎合，佯裝自己有那樣的能力。也就是說，君主一旦表明好惡情感，臣子就會利用那些好惡，得到趁虛而入的機會。

子之利用子噲喜歡賢者的這一點，謀取其君主地位。豎刁和易牙利用桓公好女色、愛吃珍饈的兩個弱點，奪取實權。結果，子噲在叛亂中遭到殺害；桓公死後，即使屍體遭蛆蟲啃食殆盡、屍身上的蛆蟲多到爬出門外，仍無法得到安葬。

為什麼上位者會落得如此悽慘的下場？這是因為**君主被臣子看透了內心，而臣子未必愛戴君主**。他們事奉上位者，都是為了自己的利益。如果君主毫不掩飾內心的想法，臣子就會刻意投其所好、博取信任，進而威脅君主的地位。

（編按：原文為「今人主不掩其情、不匿其端，而使人臣有緣以侵其主。」）

有句話是這麼說的：「君主不展現好惡，臣子就會露出真面目；臣子一旦露出真面目，君主便不至於遭到蒙蔽。」

去好去惡，群臣見素。群臣見素，則大君不蔽矣。——〈二柄〉

▼作者解說

部屬總是能把主管看得一清二楚，然而主管卻很難將部屬看得仔細。

上述觀點相信大家都不難理解，我本身也相當贊同。當你看不清對方真實的面貌，便很難按照自己的心意驅使他行動。因此確實掌握部屬的真正想法，正是使主管地位安穩、鞏固的關鍵。那麼，該怎麼做才對呢？韓非說，絕對不要讓對方看出自己的好惡及情感。

中國史書上經常出現「喜怒不形於色」這句話。意思就是，不讓喜怒哀樂的情感顯現在表情或態度上，隨時採取從容、無害的態度，對領導者應有的姿態來說，「喜怒不形於色」其實是最大的讚美。本段所闡述的《韓非子》內容，也是類似的道理。

2 注意這些要點，免得吃癟

《韓非子》中曾記載了以下故事：

從前，孔子的弟子宓子賤，被指派到魯國一座名為單父的城鎮擔任鎮長。同門的師兄有若看到子賤後，對他說：「你怎麼瘦這麼多？」

子賤回答：「魯王不知道我這人有多愚鈍，竟然任命我擔任單父的鎮長，終日為政務繁忙、憂心操勞，自然就消瘦了。」

聽完子賤的回答後，有若冷淡的說：

「我聽說從前舜帝成天撫弄五弦琴、哼唱〈南風〉（編按：《詩經》中的篇章）之類的詩詞，仍然能把天下治理的太平康泰。怎麼你光是治理個小城鎮，就如此惆悵、煩惱？哪天若是讓你治理天下，又該如何是好呢？」

用「術」穩定局勢，切勿「乾脆我自己來」

韓非特地在書中收錄了這段故事，由此便可明瞭，上位者不論處理大事或小事，都要懂得用「術」之道。只要利用各種「術」穩定局勢，即便自己高坐朝堂，容態猶如處子般閑靜，國家仍然可以平順康泰。反之，如果不善加運用「術」來治理，就算勞瘁消瘦，仍然事倍功半、難收成效。

有術而御之，身坐於廟堂之上，有處女子之色，無害於治；無術而御之，身雖瘁臞，猶未有益。——〈外儲說左上〉

▼**作者解說**

不讓部屬看出自己的好惡情感，也就是「喜怒不形於色」，是領導者應有的理想態度，但在難以捉摸的表情背後，當然必須藏著深不可測的謀略。如果空無內涵，那就只不過是個木偶、傀儡罷了。

韓非把領導者必須學習的高深謀略稱之為「術」。這種「術」是管理組織、駕馭部屬所不可欠缺的關鍵。關於「術」的細節，我將在第二章詳細解說。

切勿被部屬摸清喜好

據說，齊桓公喜歡穿紫色的衣服。於是，人民群起仿效，一時之間，全國上下盡是穿著紫色衣服的人。更誇張的是，紫色素帛的價格，更在一夕之間暴漲至白色絲綢的五倍。齊桓公為此發愁，找來宰相管仲討論。

齊桓公：「就因為寡人喜愛紫色衣服，導致紫色素帛的價格暴漲。儘管如此，國內的人民仍然爭相求購紫色素帛。到底該如何是好？」

管仲回答：「不如您就不要穿紫色衣服了吧？不妨試著對隨侍左右的人說：『寡人討厭紫衣的氣味』。」

齊桓公：「好吧！」

於是，每次侍從只要穿著紫衣，齊桓公便故意說：「快後退，寡人討厭紫衣的氣味。」

結果，那天之後，紫衣便逐漸從朝廷中消失，第二天，京城裡再也看不到紫衣的身影，三天之後，全國境內就沒有人再穿紫衣了。

管仲曰：「君欲何不試勿衣紫也？謂左右曰：吾甚惡紫之臭。」——〈外儲說左上〉

▼作者解說

《左傳》中有這樣一句話：「夫上之所為，民之歸也。」意思就是說，居於下位者會仿效上位者。《論語》也曾提到：「君子之德風，小人之德草。」

只要居上位者有良好品德，居下位者也會主動追隨。《韓非子》的法家主張，雖然與上述的德治主義無關，但下位者仿效上位者的觀點卻是一致的。

就韓非的論點而言，主管只要把工作交給部屬就行了，自己不需要親力親為，更不要被看出內心想法，只要靜靜坐在上位就夠了。可是，正因為身處於隨時受到部屬關注的地位，所以更必須時時注意自己的言行舉止，齊桓公的這個故事就是最佳範例。

講究「仁義」的時候，搞清楚對象是誰

宋襄公曾在涿谷的河畔迎擊楚軍。當時宋軍已擺好陣形、嚴陣以待，可是，楚軍還沒有完全過河。宋國的司令官購強見狀，快步上前向宋襄公進言。

購強：「敵眾我寡，請趁楚軍目前渡河至一半、尚未擺好陣形時快快出擊。如此一來，我軍必能獲得全勝。」

可是，宋襄公不同意：「曾有人說過，磊落的君子不會討伐已經負傷的人；也不會對頭髮斑白的老兵趕盡殺絕。此外，君子更不會趁人之危、落井下石，或是突襲尚未擺好陣形的敵軍。趁楚軍還沒有完全渡河時突襲，非君子所為。我們還是等楚軍全部渡河，擺好陣形後，再攻打吧！」

購強也不願退讓：「陛下打算對人民和將士們見死不救嗎？為什麼如此拘泥於君子之道？」

宋襄公強硬的說：「多說無益。回你的崗位去吧！否則就按軍法處置。」

購強無奈回到崗位。不久，楚軍已經渡河並擺好陣形。此時，宋襄公終於下令攻打。結果，宋軍大敗，宋襄公自己也傷及大腿，並在三天後傷重身亡。

為什麼宋襄公會自掘墳墓？就是因為過分追求仁義所致。君主如果沒有身先士卒，臣子就不會甘心跟隨。也就是說，君主自己下田耕種、跟著士兵一起奮戰，人民才會樂於耕種、打仗。可是，這麼一來，君主豈不是太沒有立場？而臣子豈不是太過安逸？這的確是個值得深思的問題。

夫必恃人主之自躬親而後民聽從，是則將令人主耕以為上，服戰鴈行也民乃肯耕戰，則人主不泰危乎？而人臣不泰安乎？——〈外儲說左上〉

▼作者解說

這段「宋襄之仁」的故事相當知名。因為領導者對敵人存有婦人之仁，最後招致敗北，因此「宋襄之仁」這句話，日後就被用來譏笑領導者的愚蠢行為。的確，為了成就大我，領導者有時必須被迫做出犧牲小我的無情決斷。此外，為謀求組織的存續，領導者有時也會陷入被迫捨棄道德主義的窘境。就這點來說，宋襄公被批評為太過天真，或許也是無可奈何的事。

韓非雖然對此抱持相同的看法，不過，他引用這個故事，還有另外一個目的：宋襄公親自指揮作戰，並且親自上陣殺敵，韓非認為這不是君主應該做的事。作戰指揮交給專業的將軍就行了，**主管如果連部屬分內的事情都要插手，即便有再多分身仍無法面面俱到**。

在現代社會中，仍有不少主管成天喊著「好忙、好忙」，來藉此炫耀忙碌感，也就是說，很多主管都不了解自己的職責（或地位）何在，這樣的人並沒有擔任主管的資格，這也是韓非想表達的理念。

主管只要顧好自己分內工作就夠

從前，魏昭王想親自擔任判官審理案件，於是，他找了宰相孟嘗君來。
魏昭王：「寡人想親自當判官審理案件。」
孟嘗君：「既然如此，請先熟讀法律吧！」
魏昭王馬上翻閱法律書籍，可是，讀沒多久便開始打起瞌睡。
接著，他又這麼說：「寡人還是不適合鑽研法律。」

君主只要掌握權力的核心就夠了。如果連臣子該做的事都要插手干預，當然會覺得無力、困倦。

> 夫不躬親其勢柄，而欲為人臣所宜為者也，睡不亦宜乎。——〈外儲說左上〉

▼作者解說

主管必須**掌握權力的核心，所謂核心，就是賞罰的權限。緊握權限、嚴密監視，才是主管應有的姿態**。也就是說，韓非並不贊同率先示範的領導方式。為什麼呢？因為勞多功少、事倍功半。

君無戲言，信守承諾絕對有好處

晉文公攻打原國時，準備了十天的軍糧，並對軍隊的幹部承諾十天內收兵。晉軍包圍原城整整十天，卻遲遲無法攻下原國。儘管如此，晉文公仍信守承諾，下令收兵。這時候，潛入城內的密探正好回營。

密探回報：「我軍只要再圍城三天，對方就會降伏。」

參謀們紛紛進言：「敵軍氣數已盡，不如就繼續圍城一段時間吧！」

可是，晉文公說：「寡人承諾十天內收兵，如果不撤退，就會失信於將士。即便得到原國，失信於人也無法贏得人心。這種事寡人辦不到。」

於是，晉文公如約收兵。原國的人民得知此事，紛紛表示：「既然晉文公如此信守承諾，我們應能安心追隨。」隨後，原國人民便主動歸降於晉國。同時，鄰近的衛國人民也表示：「晉文公如此信守承諾，應當追隨。」

孔子聽聞後，寫下這番話：「（晉文公）攻打原國，最後連衛國都得手，靠的就是守信二字。」（編按：原文為「攻原得衛者信也。」）

吾與士期十日，不去，是亡吾信也。得原失信，吾不為也。——〈外儲說左上〉

▼作者解說

各位聽過「綸言如汗」嗎？「綸言」用以代指上位者（主管）所說的話，而「如汗」則表示汗水一旦從體內流出，就無法再次回到身體裡面。

因此「綸言如汗」的意思就是，上位者所說的話，一旦說出口便無法收回，發言前必須再三慎重。

一旦失言或是再三否認自己曾說過的話，就會失去身為主管的資格。理由很簡單，因為一旦失信，部屬就不會願意跟隨自己。晉文公的堅持或許給人死板、不知變通的負面印象。但所謂主管，就是不論面臨什麼情況，都該對自己的言論負責，這就是韓非想要傳達的重要理念。

恪守約定是主管的基本功

魏文侯和虞人（編按：古代掌山澤之官，亦主掌宮內或野外狩獵等活動）約好一起狩獵，沒想到那天卻颳起大風。

隨從勸諫魏文侯取消約定，但魏文侯卻不聽勸告：「那可不成。就算風勢再強大，寡人也不能失約。」於是，魏文侯就冒著大風，親自駕著馬車奔赴虞人家中，親自詢問是否取消打獵的約定。

善於立德，而非四處結怨

孔子過去在衛國擔任宰相時，名為子皋的弟子擔任獄吏，將某個男人處以斷足之刑。那個男人是宮殿的守衛。

之後，有人在衛國君主面前中傷孔子：「孔子圖謀作亂。」衛王馬上命人逮捕孔子。孔子只好逃跑，就連其門下的弟子也跟著逃亡。子皋也準備從宮門逃跑。結果，遭處以斷足之刑的那名守衛叫住了子皋：「快、快，走這邊。」

守衛將子皋帶到宮門的地下室，讓他躲藏其中，子皋才得以逃過追兵。

那天晚上，子皋問守衛：「我因為不能違反國家法律，狠心砍掉了你的腳，現在不正是你報仇雪恨的好機會嗎？為什麼你還願意幫助我逃跑？為什麼要賣這個人情給我？」

守衛這麼回答：「我被處以斷足之刑，本來就是罪有應得，這也是沒辦法的事。而且，你調查的時候，不僅仔細推敲法令，還詳細問話，試圖讓我免罪，相當盡心盡力，這一切我都看在眼裡。罪狀確定，送交判決的時候，我也清楚看到你難受、不捨的表情。我知道那並不是因為你徇私、偏袒於我，而是你有與生俱來的仁愛之心。這便是我對你心悅誠服，想回報你的原因。」

之後，孔子聽了這段故事，便說：「善於為官的人樹立恩德，不會為官的人樹立怨仇。概（編按：古代量秤米粟時，用刮平容器用的木板）這種器物是用來量秤斗斛的；官吏，則是用來公平行法的。治理國家的人，絕對不可失去公正。」

夫天性仁心固然也，此臣之所以悅而德公也。——〈外儲說左下〉

▼作者解說

面對部屬，主管必須信賞必罰。可是，若要讓部屬接納賞罰方針，主管就必須做到不徇私、偏袒，做出輕重得宜且公平的賞罰，就是這個故事想要表達的。三國時代的諸葛孔明身為蜀國的丞相，就是以信賞必罰的嚴厲態勢來管理臣子和人民。結果，不僅毫無民怨，同時還深受臣子的敬畏與愛戴。

孔明成功的原因，在於賞罰的公平無私，同時沒有半點私人情感。所以，即便是接受嚴厲處分的人，也會因為自己罪有應得而毫無怨言。遭受斷足之刑的守衛敬重子臯的品德，必定也抱持著相同的心情。

讓某個部屬獨挑大梁，具有高度風險

齊桓公欲立管仲為國政的最高指導者，而召集群臣商討。

齊桓公：「寡人準備把國政交給管仲。贊成者站在門的左側，反對者站在門的右側。」

結果，名為東郭牙的重臣，卻站在門的正中央。

齊桓公問他：「寡人應該有說，贊成者站左邊，反對者站右邊。你站在正中央是什麼意思？」

東郭牙：「陛下認為管仲具有足以治理天下的才智謀略嗎？」

齊桓公：「沒錯。」

東郭牙：「那麼，陛下認為管仲具備足以託付重任的決斷力嗎？」

齊桓公：「沒錯。」

東郭牙：「那麼，請恕微臣直言。管仲擁有治理天下的才智謀略，以及足以託付重任的決斷力，所以陛下打算把國政的實權交給管仲。如果管仲那麼有能力的人，憑藉您的權勢來治理這個國家，結果究竟會如何？搞不好陛下自身的地位會因此遭受威脅。」

齊桓公：「言之有理。」

於是，齊桓公把國家的政治交給管仲，朝廷內的政務交給臣子隰朋，讓兩人共同分擔國政。

牙曰：「君知能謀天下，斷敢行大事，君因專屬之國柄焉。以管仲之能，乘公之勢以治齊國，得無危乎？」——〈外儲說左下〉

▼作者解說

對主管而言，有能力的部屬本來就是個不可輕忽大意的存在。韓非主張，越是有能力的部屬，越不能怠忽警戒。另外，韓非也表示，主管不該指望部屬的忠誠。那麼，主管該指望什麼呢？答案是自己。**除了自己以外，任何人都不值得信賴**。齊桓公讓管仲和隰朋分攤內外政治，屬於一種分工治理的方法，或許可說是最佳對策。

有能力的主管絕不仰賴部屬的忠誠

晉文公出逃，流亡在外。名為箕鄭的家臣提著食物跟隨，卻在中途迷了路，和晉文公走散了。箕鄭飢餓難耐、急得想哭。儘管如此，他仍舊忍耐了一晚，不敢隨意吃掉手中的食物。

最後，晉文公終於回到晉國，重返王位，並且起兵攻反，占領了原國。

這個時候，晉文公心想：「那個傢伙即使飢餓難耐，仍然堅決保全食物。就算把原城託付給他，這樣的人也絕對不會叛變。」

於是，晉文公把箕鄭拔擢為原國的行政長官。

名為渾軒的重臣聽聞後，說道：「因為箕鄭能保全食物，就認定他是個忠誠之人，就算把原城託付給他，也絕對不會叛變，這樣的做法未免太不了解治理之『術』了。」

因此，不要期望對方不背叛自己，而是要採取就算對方想背叛，也無法實際行動的態勢；不要期望對方不狡猾、耍詐，而是採取就算對方想這麼做，也沒辦法得逞的做法。這才是所謂的明君。

明主者，不恃其不我叛也，恃吾不可叛也；不恃其不我欺也，恃吾不可欺也。——〈外儲說左下〉

▼作者解說

如同前文所言，部屬是不容輕忽的存在，因此主管不該期望部屬的忠誠。確實學習按照自己的心意操控部屬的「術」，才是最重要的關鍵。主管不該期望對方不背叛自己，而是要採取就算對方想背叛，也無法實際行動的態勢，這同時也是靈活駕馭部屬的祕訣。

你的生活對象未必是好的商量對象

魯國一位名為季孫的重臣，一向禮賢下士、態度莊重。接見賓客時，總是衣冠整齊、儀容端正，宛如要去上朝一般。

然而，季孫偶爾仍有疏忽怠惰的時候。因此，當他的穿著或態度不如以往莊重時，門客便以為自己遭到輕視，積怨加深之後，門客便殺害了季孫。

《老子》一書曾說：「君子凡事應適可而止，避免過分極端。」就是指季孫這樣的例子。還有另一個說法，魯國的重臣南宮敬子曾針對這起事件，徵詢另一位重臣顏涿聚的意見。

南宮敬子說：「季孫供養孔子的門徒，其中，能讓他頂著端正儀容與其暢談政治的顧問團多達數十個，然而最終仍遭到殺害，你認為這是什麼原因所致？」

顏涿聚說：「過去，周成王經常藉由親近倡優（編按：奏樂歌舞的人）、侏儒（編按：表演滑稽、逗笑的人）來尋樂。可是，需要解決國家大事時，他會找優秀的人才與之商討，所以周成王才能把天下治理得那麼好。

「然而，季孫把數十個孔子門徒當作顧問團供養，需要解決大事時，卻只找倡優、侏儒商討，所以才無法善終。俗話說，事情的成敗，不在於一起生活的人，而在於共同謀劃的人，指的就是這麼回事。」

不在所與居，在所與謀也。——〈外儲說左下〉

▼作者解說

這個故事有兩個寓意。

一、出席公開場合必須禮儀端正，私底下的穿著則可以放鬆優閒，同樣的，你的態度當然也要跟著場合調整，但季孫卻沒有這麼做。這種過度緊繃的極端做法，總有一天會露出破綻。

二、主管的身邊不可欠缺親信，就算說是必要之惡也沒關係。總之，上位者一定要將玩樂尋歡的對象，與商討要事的對象區分清楚。

別聽耳語，尤其是親近的人

魏文侯治理魏國時期，臣子西門豹被拔擢為鄴縣的縣令。西門豹為官清廉、正直，完全沒有半點私利、私欲。然而，因為他從不對魏文侯的親信阿諛奉承，所以魏文侯的親信一直將他視為眼中釘。

一年後，西門豹提出施政報告，結果因政績不佳而遭到免職處分。於是，他提出請求。

西門豹：「過去，臣一直找不到妥善治理鄴縣的方法，但現在臣終於明白了。請再把鄴縣交給臣一次，如果仍然無法提升政績，臣甘願受斬首之罪。」

魏文侯不忍拒絕，再次讓他復職。

這次，西門豹加重賦稅、剝削百姓財產，另一方面，又極力討好魏文侯的親信。就這樣，一年後，西門豹再次提出施政報告，沒想到魏文侯居然親自迎接，並慰勞他的辛勞。

西門豹：「之前，臣為陛下治理鄴縣，結果遭到免職處分。這次，臣為陛下的親信治理鄴縣，結果反而得到陛下的讚賞。如今，臣不想再繼續擔任縣令一職了。」

西門豹提出辭呈。魏文侯見狀，慌張的說：「請等一下。過去寡人並不了解你，現在寡人終於了解了。不論如何，希望你可以繼續治理鄴縣。」

最後，魏文侯並沒有接受西門豹的辭呈。

寡人曩不知子，今知矣，願子勉為寡人治之。——〈外儲說左下〉

▼**作者解說**

如果部屬不值得信賴，親信或自家人當然也不例外。嚴格來說，**親信或自家人反而影響更甚**，可說是相當難纏且棘手。如果沒有慎重處理，或許就會犯下魏文侯那樣的過錯。

不觀察實情，你就沒辦法嚴密監控

晉國的重臣韓宣子說：「寡人記得先前編列了很多乾草飼料的預算，怎麼宮裡的馬卻還是這麼瘦呢？真令人擔憂。」

韓宣子的隨從周市聽了之後，便說：「如果馬夫按照預算去餵養馬匹，就算陛下不希望馬變肥，馬還是會變肥；編列的預算再多，如果實際餵食的量卻不多的話，即使陛下不希望馬變瘦，也是不可能的事情。換句話說，您不去了解實情，只是坐在那裡憂心，馬是永遠都不會變肥的。」

▼作者解說

前面提過，主管靜靜從旁嚴密監控是最理想的做法，但是，若要嚴密監控，就必須先確實掌握組織的實情。韓非曾說，妨礙嚴密監視的，是那些阿諛奉承的人。一旦被那些人蒙蔽了雙眼，就無法取得正確的資訊。主管不該盲目相信部屬所說的每一句話，必須一而再、再而三的確認。

自己的嘴要夠牢靠

韓國的重臣堂谿公，曾對韓昭侯這麼說。

堂谿公：「假如這裡有兩個杯子，一個是沒有底的玉杯，另一個是有底的瓷杯。當您口渴的時候，您會用哪個杯子裝水喝？」

韓昭侯：「當然是使用瓷杯。」

堂谿公：「不使用美麗的玉杯，是因為玉杯沒有底嗎？」

韓昭侯：「當然。」

堂谿公：「君主也是相同的道理。如果把臣子的言論洩漏給其他人，就跟沒底的玉杯沒兩樣。」

從此之後，和堂谿公會面過後的晚上，韓昭侯都會獨自一個人就寢。因為他怕自己的夢話，會被妻子聽見。

為人主而漏泄其群臣之語，譬猶玉卮之無當。——〈外儲說右上〉

▼作者解說

主管的粗心言論會馬上被部屬逮住機會，成為叛亂禍源的開端。即便情況沒有那麼嚴重，也很可能在組織內引起軒然大波。心直口快就沒資格當個主管。此外，對部屬來說，主管隨口將自己說的話洩漏出去，會使部屬不敢隨便進言。

別讓重臣成猛犬，親信變社鼠

宋國有一間酒店，秤酒毫不馬虎、待客也非常親切，酒的品質醇美、招牌也很醒目。偏偏酒就是賣不出去，最後全部放到發酸，變得像醋一般。

店主人感到詫異，請認識的長者楊倩指點迷津。

楊倩：「你家養的狗凶嗎？」

店主人：「狗凶，酒就賣不出去嗎？」

楊倩：「客人怕狗啊！有些人家都是讓孩子揣著錢、拿著壺甕去買酒，偏偏狗卻會撲上前來咬孩子。這就是酒賣不出去，全部發酸變成醋的原因。」

國家也一樣，若是朝廷養了這樣的「猛犬」，就算有能的賢才懷有治國策略，欲謁見君主，君主身邊的重臣便會如猛犬一樣，露出銳利的尖牙、凶狠的嚇阻。這也是君主的雙眼遭到蒙蔽、地位受到挾持、擢用有才之士受阻的主要原因。與此觀念類似的，還有另一個故事：

齊桓公問宰相管仲：「治理國家時，最不得大意的是什麼？」

管仲答：「社壇裡的老鼠。社壇是在木頭上面塗上泥巴所建造而成，恰好可以作為老鼠棲息的巢穴。如果用煙燻，怕會燒到木頭；若用水攻，又怕上面的泥巴剝落，實在是相當棘手。

君主的親信也跟老鼠一樣。他們在朝廷外賣弄權勢、榨取民脂民膏，在朝廷內結黨營私、窺視朝堂；掩飾罪行、巧言令色。若不誅殺他們，國家政治就會動盪不安；但如果誅殺他們，君主就會變得流離失所、狼狽不堪，因為那些老鼠就住在君主的內心某處。」

臣子掌握權勢，恣意妄為，揚言「為我賣命者必有好處，不為我賣命者必有禍患」，這就是猛犬。當**重臣變成猛犬，親信變成社壇裡的老鼠，君主的威令就無法施行**。

夫大臣為猛狗而齕有道之士矣，左右又為社鼠而閒主之情，人主不覺，如此，主焉得無壅，國焉得無亡乎？——〈外儲說右上〉

▼作者解說

這個故事也是在陳述親信或諂媚者帶來的危害。是否能收服親信或諂媚者，與主管的能力有關。平庸的主管別說是駕馭他們了，反而還會被他們所操控。為避免遭到反控，上位者必須多留意下列兩個事項：

一、適才適用。為此，必須培養識人的銳利眼光。

二、學習操控部屬的「術」。

拒絕收禮

公儀休是魯國的宰相，他非常喜歡吃魚，得知其喜好後，全國上下都爭先買魚來送給他。可是，公儀休一概拒不接受。看不過去的弟子問他：「先生不是喜歡吃魚嗎？為什麼反而拒絕？」

結果，公儀休這麼回答：「就是因為喜歡，所以才要拒絕。倘若接受，必然得說些恭維、奉承的話，最後還可能為了對方而違背法律。一旦違背法律，就會馬上丟失官職。丟失官職之後，縱然我再喜歡吃魚，再也不會有任何人送來給我，甚至，可能連我自己都買不起魚。

「現在，只要我一概拒不接受，就不會丟失官職，而且隨時可以靠自己的能力買魚，何樂不為？」

從這段故事就可以了解，靠人不如靠己，求人不如求己。

> 夫恃人不如自恃也，明於人之為己者不如己之自為也。——〈外儲說右下〉

▼作者解說

君主和臣子的立場明顯不同，**各自堅守自己的立場，就是確保個人地位的安穩之道**。公儀休拒絕收受他人贈送的魚，也是為了堅守臣子的立場，使自己的地位可以更安穩。主管也必須恪守自己的立場，才能讓自己的地位更安穩。

善用駕馭之術，而非自己推車

發生火災的時候，令官吏提著水桶跑向火場，只能發揮一個人的作用；如果拿起鞭子，指揮大批人群前往滅火，就能發揮一萬人的作用。聖人不親自治理人民；明君不親自處理瑣碎小事，正是基於這個理由。

善馭者造父鋤草的時候，有對父子乘著馬車經過。結果，兩隻馬兒不知道受到何種驚嚇，突然停止不前。於是，父子倆下車，兒子在前面拉馬，父親則在後面推車，同時也拜託一旁的造父幫忙。

於是，造父停下手邊的工作，坐上馬車，並同時確認轠繩的情況。結果，造父還沒有用上轠繩和長鞭，兩隻馬兒就步調整齊的往前奔馳了。

如果造父沒有駕馭馬匹之術，即使在馬車後面使盡蠻力推車，馬兒肯定還是不為所動。造父之所以能不費半點力氣，光是坐上馬車便能解決這對父子的問題，就是因為他善用駕馭之術的緣故。

對君主來說，馬車就好比國家，馬兒就相當於權勢。如果君主缺乏駕馭之術，即便耗費再多苦心，仍免除不了國家動亂；但只要善用駕馭之術，自然就能不費吹灰之力，實現偉大宏業。

國者君之車也，勢者君之馬也，無術以御之，身雖勞猶不免亂，有術以御之，身處佚樂之地，又致帝王之功也。——〈外儲說右下〉

▼作者解說

韓非曾提過：「只會用自己力量的人，是下等君王；能用別人力量的人，是普通君王；善於激發臣下智慧的人，才算是高明的君王。」（編按：原文為「下君盡己之能，中君盡人之力，上君盡人之智」。）**主管或**

管理階層的分內工作，並不是發揮自己的力量，而是誘發出部屬的能力。

所謂管理能力，在於激發部屬潛能的才能。如果上位者沒有這項能力，就不具備管理階層的資格。「明主不躬小事」（明君不親自處理瑣碎小事）就是這個意思。工作該全部交由部屬處理，讓部屬從處理中領會。那麼，若要提高管理能力，需要什麼？那就是「術」。主管如果缺乏駕馭之術，不論多麼勞心勞力，仍然難以掌握組織全貌。

第二章

領導有七術：刻意明知故問、善意顛倒黑白

為人主管必須學習「御臣七術」，也就是指駕馭部屬的方法（〈內儲說上〉）。

1. **眾端參觀**：交叉比對部屬的意見，以確認事實。
2. **必罰明威**：犯錯者必罰，確立威信。
3. **信賞盡能**：立功者必賞，激勵士氣。
4. **一聽責下**：注意部屬的發言，讓他對自己的言論負責。
5. **疑詔詭使**：刻意下達刁難的指令、出乎意料的提問。
6. **挾知而問**：即使知道答案，也得明知故問。
7. **倒言反事**：顛倒是非，測試對方。

1 交叉比對部屬的意見，不說出去

就算充分注意部屬的言行舉止，但如果不進一步比對、確認，就無法掌握事實。另外，如果只相信一個人，主管的雙眼就會遭到蒙蔽。

有事別找大家「一起商議」

魯哀公問孔子：「俗語說『三個臭皮匠，勝過一個諸葛亮』。寡人不論何事，都會和群臣**一起商議**，然而國家政治卻越來越亂。到底是為什麼？」

孔子回答：「向臣子徵求意見時，明君**不會把對方談論的內容透漏給當事人以外的第三人**，因此，在明君面前，群臣可以安心直言。然而，現在的國內卻不是如此，群臣全都和重臣季孫口徑一致，季孫一個人的意見，就等於是整個國家的意見。

「因此，即便向群臣徵求意見，群臣仍只會說出與季孫相同的話。如此一來，國政當然免不了內亂。」

今魯國之群臣以千百數，一言於季氏之私，人數非不眾，所言者一人也，安得三哉？——〈內儲說上〉

▼**作者解說**

魯哀公的國政實權被季孫掌握在手中，議政朝堂上的資訊全數經過季孫的過濾，坦白說，這種狀態就跟資訊遭到封鎖沒兩樣。魯哀公早在核實臣子意見之前，就已經丟失實質的王位。

一般來說，主管蒐集資訊的管道越多越好。如果只有單一管道，倒不如完全沒有還比較好。

讓同位者互咬，只會創造更多蒙蔽上位的人

衛嗣君一方面重用臣子如耳、寵愛侍女世姬，又害怕他們藉著恩寵，反過來蒙蔽自己。於是，衛嗣君便利用名為薄疑的臣子和侍女魏姬，來牽制如耳、世姬兩人。他以為這麼做，自己的判斷就不會失準。

衛嗣君雖知道遭臣子蒙蔽會惹禍上身，卻不了解相應之道。基本上，若要使自己不遭受蒙蔽，就必須**擺出公正態度**，**允許賤者議論貴者**，**使下級敢於揭發上級**。如果不那麼做，**放任權勢相等者互咬**，**只是培養出更多蒙蔽上位者的臣子**。

> 夫不使賤議貴，下必坐上，而必待勢重之鈞也，而後敢相議，則是益樹壅塞之臣也。——〈內儲說上〉

▼**作者解說**

其實除了橫向的同位者競爭之外，上下層級的縱向競爭關係也很重要。也就是說，主管必須掌握所謂十字縱橫的組織管理方式。

簡單來說，**你要避免部屬相互包庇**。如果部屬結黨營私、站在同一陣線，主管的地位就會瞬間被架空，換句話說，若要避免失勢，就不能讓部屬有半點可乘之機。

大家說法一致時，必有蒙蔽之事

魏國的重臣龐恭，奉命陪同魏國太子一起到趙國的邯鄲當人質。出發時，他對魏王說：「如果有人說：『鎮上出現老虎』，陛下相信嗎？」

魏王：「怎麼可能。」

龐恭：「如果不只一人，而是有兩個人這麼說，您相信嗎？」

魏王：「寡人還是不信。」

龐恭：「那麼，如果有三個人口徑一致的話，陛下會相信嗎？」

魏王：「如果是那樣，寡人應該會信。」

龐恭：「鎮上沒有老虎是不爭的事實。可是，如果有三個人說出相同的話，陛下就會深信不疑。現在臣欲前往的邯鄲距離此地相當遙遠，在背後妄議臣的人肯定不只有三個人。屆時，還請陛下明察。」

可是，龐恭從邯鄲回國時，早已不被允許晉見魏王。

夫市之無虎也明矣，然而三人言而成虎。今邯鄲之去魏也遠於市，議臣者過於三人，願王察之。——〈內儲說上〉

▼作者解說

「三人成虎」這句知名的成語，便是出自這個故事。一旦反覆聽到相同的言論，謊言終有一天會有被當成事實（也可以稱為重複效應），這也是導致主管做出錯誤判斷的主要理由。上位者如果只是一味的聽取有利的資訊，總有一天就會造成三人成虎的局面。

2 犯錯必罰，你說的話就會被當真

主管如果過於感情用事，便無法樹立嚴明的法規；下達命令時如果缺乏威信，底下的人就會鑽漏洞。因此，刑罰如果不夠嚴謹，禁令就難以實行。

管理者的水面一片平靜——所以這麼多人溺水

子產是鄭國的宰相。他重病將死之際，把預定繼位的游吉喚到床邊。子產對游吉說：「寡人死後，你必須為這個國家掌舵。聽著，屆時你一定要用最嚴厲的態度去治理人民。火焰使人覺得嚴酷，人們心生畏懼，所以被火燒死的人並不多。而柔和的水讓人覺得無害，溺水身亡的人反而很多。因此，你**只要用嚴厲的態度去治理國家就夠了**。不要讓人民因為你的柔弱而觸犯法令。」

子產死後，游吉繼承王位，卻對是否嚴厲執政感到猶豫不決。結果，年輕人結夥成為強盜，盤據在沼澤一帶，這股龐大的惡勢力對國家發展造成威脅。游吉率軍前往討伐，花了一天一夜才將其鎮壓。游吉這時候才深切感嘆：「當初我若照著陛下的教導嚴厲執法，今天也不至於面臨這種局面。」

夫火形嚴，故人鮮灼；水形懦，人多溺。子必嚴子之形，無令溺子之懦。——〈內儲說上〉

▼作者解說

中國自古就將「嚴」和「寬」的均衡得宜，視為組織管理的一大重點。法令太嚴，就算人民表面守法、服從，內心也不會服氣；另一方面，如果法令過寬，組織中就會產生苟且的心態。兩者均衡得宜的法規，才是最理想的組織管理法。

不過，韓非比較執著於「嚴」，他認為嚴厲才是管理的基本原則。此外，宋朝的宰相司馬光，也將用人、信賞、必罰三點視為治國的要訣。用人指的是人才任用應該適才適所，而「信賞必罰」，正是韓非所強調的嚴。

「不一定會被罰」，就一定不聽你的

荊南地方有條名為麗水的河川，裡頭有砂金可採，因此當地出現了許多盜金賊。國家法律明令嚴禁盜採砂金，一旦盜採遭捕，就會被送到市集上五馬分屍。許多人遭到五馬分屍，屍體多到幾乎堵住河道，儘管如此，盜金賊仍然沒能銷聲匿跡。

在市集五馬分屍，這項罪刑明明如此嚴厲，但盜賊卻毫不懼怕，這是因為他們抱持著不一定會被抓的僥倖心態。

假設有人說：「我把天下送給你，條件是拿命來換。」肯定找不到被這番話引誘的笨蛋。坐擁天下的確是莫大的利益，但之所以沒有人會受到引誘，是因為任何人都知道，一旦接受就得賠上性命。

夫有天下，大利也，猶不為者，知必死。故不必得也，則雖辜磔，竊金不止；知必死，則天下不為也。——〈內儲說上〉

▼作者解說

「反正我不一定會被抓到」的僥倖心理，讓賊人不惜冒著五馬分屍的風險，也要繼續盜採砂金；但如果知道自己絕對會被殺，即使有「能夠坐擁天下」的誘因存在，也沒有人會因此鋌而走險。

懲罰比獎賞更有效

魯國人狩獵時，為趕出野獸而放火焚燒滿積柴草的沼澤。正巧那天颳北風，火勢向南延伸，恐怕會燒到國都。

憂心的魯哀公親自率領群臣前往滅火。到了火場卻發現身邊沒有半個人。因為大家全都拋下滅火工作，跑去追捕野獸了。魯哀公焦急喚來孔子。

孔子：「追逐野獸既快樂又不會受罰，救火既受苦又不得賞，這就是沒人救火的原因。」

魯哀公：「寡人懂了。」

孔子：「無論如何，滅火是最要緊的事，現在已經來不及行賞了。況且，如果給所有滅火的人賞賜，國庫想必也會被掏空殆盡，還是採用刑罰吧。」

魯哀公：「好，就這麼辦。」

於是，孔子便下令：「不滅火者，與投降敗逃同罪；追捕野獸者，與擅入禁地同罪。」結果，命令還未傳遍各地，火就已經撲滅了。

逐獸者樂而無罰，救火者苦而無賞，此火之所以無救也。——〈內儲說上〉

樂善好施、有罪不罰，都沒資格當主管

魏惠王問臣子卜皮：「你是否聽聞過寡人的評價？」

卜皮：「大家都說陛下是個慈惠之人。」

魏惠王開心的笑了出來：「這麼說來，寡人的未來應該充滿希望。」

卜皮：「不，國家肯定會走向滅亡。」

魏惠王：「天底下再沒有比慈惠更好的評價了，為何國家反而會因此走向滅亡呢？」

卜皮回答：「慈是不殘忍，惠是好施與。不殘忍就沒辦法狠心懲罰犯罪之

人；好施與就會連無功績者都輕易行賞。有罪不罰、無功受賞，這樣的做法當然會讓國家走向滅亡之路。」

夫慈者不忍，而惠者好與也。不忍則不誅有過，好予則不待有功而賞。有過不罪，無功受賞，雖亡不亦可乎？——〈內儲說上〉

▼作者解說

慈（樂善）惠（好施）是做人的基本條件，只要有這樣的氣度，就堪稱是個了不起的人物。但對主管來說，這樣的氣度反而會害你失去領導者的資格。的確，主管若是過分慈惠，就容易造成錯誤判斷。在組織當中，恐怕還會導致組織內部的合謀或包庇，導致團隊活力喪失。主管絕對不能感情用事，失去信賞必罰的基本原則。

3 立功者必賞，盡本分不算立功

主管的賞賜如果過於吝嗇，且不符眾人期待，便無法激勵部屬；相對的，只要賞賜豐厚且確實，部屬就會甘願為你賣命。

論功行賞，大家就會搶著做

西河位於與秦國鄰接的邊界，吳起擔任魏武侯時，被任用為西河的郡守。碰巧國境附近有個敵軍的小城寨，該城寨的存在，對農田造成明顯的危害。吳起欲除之而後快，可是，又不值得專程為此動員正規軍。

於是，吳起心生一計。他先在北門外豎起一根車轅（編按：古代馬車前方架在牲口胸前的直木），然後公開貼出告示：「將此車轅搬運至南門外者，賞賜上等田地和房屋。」

剛開始沒人相信，因此沒有人真的去搬動車轅。最後，終於出現了一名搬運者。吳起立即按照告示內容給予行賞。接著，吳起在東門外放置一石（編按：約一百二十斤）的紅豆，並且張貼告示：「將紅豆搬運至西門者，賞賜如前。」結果，民眾爭先恐後的搶著做。

最後，吳起終於發出關鍵的告示：「明天攻打城寨。第一個登上城寨者，加官進爵，賞賜上等田地和房屋。」

於是，民眾爭相加入軍隊、發動攻擊，立刻就把城寨拿下了。

▼作者解說

該怎麼做才能激勵部屬，讓部屬在工作崗位上付出更多心力？這是組織管理的重要關鍵，同時也是自古以來，令組織的領導者們感到頭痛的問題。就「期待理論」來說，部屬的士氣來自於下列三個要素的總和。

一、成功的機率。

二、報酬的確實。

三、報酬的魅力。

也就是說，只要成功機率夠高，可以獲得與付出相等的報酬，同時，那份報酬又具有足夠的魅力，就能夠激勵部屬。吳起的這種做法正好符合期待理論，因此獲得了空前的成功。

盡本分之事不宜給予賞賜

宋國的城鎮崇門裡，有個男人因居喪哀傷過度，導致身形急遽消瘦。宋王以他的孝行為典範，將男人拔擢為官吏。結果，隔年病死於哀毀骨立（編按：形容因居親喪過於悲傷哀痛，以致身形瘦損）的人，竟超過十人以上。

兒子為父母服喪是出自於對父母的摯愛。如果連做好分內之事都能得到恩賞、獎勵，那麼，臣子對君主豈有真心可言？

子之服親喪者為愛之也，而尚可以賞勸也，況君上之於民乎？——〈內儲說上〉

▼作者解說

人類會為了欲望而蠢動。換句話說，促使人們採取行動的，既不是仁，也不是義。唯有「利」才能促使人們採取行動，這便是韓非的主張。基於這個主張，韓非認為只要利用賞罰來控制人類，就可以讓人照著自己的想法行動。姑且不論過去是否曾經堅持過這個論點，「利」就是人類採取行動的動機，這一點是為人主管最起碼的基本認知。

重賞之下必有勇夫

鱓魚像蛇、蠶似蠋火。人見蛇心驚膽顫，見蠋火則毛骨悚然。然而，漁夫卻敢徒手握鱓，婦人則能用手拾蠶。由此可知，只要利益當前，任誰都會忘記恐懼，化身成勇者。

4 注意部屬的發言，根據他說的要求他做到

主管如果不注意部屬的言論，就無法正確辨識他們的能力；如果不讓部屬對自己的言論負責，就無法確實比較出孰優孰劣。

混在團體中難辨優劣，你得讓「個人」現形

齊宣王喜歡竽（編按：古代的一種吹奏樂器，形似笙但較大）的音色。每次聽奏的時候，一定都會讓三百人一起合奏。某次，有個來自南郭的男人希望為齊宣王吹奏竽樂，齊宣王欣喜任用了他。此後，又有許多這樣的人主動加入團隊，吹奏竽樂的團員因此增加了數百人。

齊宣王死後，由齊湣王繼位。齊湣王不同於齊宣王，他喜歡聽獨奏。得知此事後，那些自告奮勇的入團者馬上失去蹤影。這件事在之後傳了開來。

韓昭侯說：「讓大批演奏者合奏，分不清個人的演奏好壞。」

臣子田嚴回答：「只要一個人獨奏，自然就能分出好壞。」

宣王死，湣王立，好一一聽之，處士逃。——〈內儲說上〉

▼**作者解說**

組織裡的成員結構，通常分成三個部分：

一、有幹勁也有能力者，兩成。

二、缺乏積極性，但只要給予指示，就會行動者，六成。

三、沒有幹勁也缺乏能力者，兩成。

在經營學上，這樣的結構稱為「二六二理論」。要在低成長中存活，就不能容許組織肥大化。因此，領導者必須想辦法了解現有社員的能力程度，使組織更加活絡。

換句話說，主管得確實掌握每個社員的個性、能力和士氣。這個故事便是在對好壞不分、縱容劣幣逐良幣的不良平均主義提出警告。

5 下刁難的指令，出乎意料的提問

主管如果經常接見部屬，卻遲遲不予以重用，別人會感覺這些人是受了密令，做壞事的人會害怕，便能有效逼退不安好心的對象。此外，領導者只要試著提出意想不到的問題，對方就無法為所欲為。

質疑你刁難的指令，可以測試他的忠心

有一次，周的君主刻意弄丟玉簪，命官吏尋找，經過三天都沒能找到。接著他再次特地聘僱其他人尋找，結果在民宅之間尋獲。

周的君主說：「寡人終於明白了，寡人的官吏們都不做事。找根玉簪，找了三天都遍尋不著。寡人聘僱其他人尋找，才不到一天的時間就找到了。」

聽聞後，官吏們震恐不已，認為君主有如神明一般強大。

周主曰：「吾知吏之不事事也。求簪，三日不得之，吾令人求之，不移日而得之。」——〈內儲說上〉

▼作者解說

領導者必須掌握組織內部的大小事。因此，必須具備「明」（洞悉一切真相）的要素。簡單來說，就是眼睛看得透澈。如果缺乏「明」的要素，就無法完全融入組織。

然而，就像《宋名臣言行錄》中「明不及察」這句話說的，所有細節都事必躬親的做法並不理想。**主管自己掌握關鍵部分，並把可以交給部屬的細節外包出去，才是最有效率的做法**。為此，領導者必須刻意說些出乎意料的言論。但話說回來，主管之所以能夠讓部屬感到緊張，也是因為他平時不是一個昏庸之人。

主管出乎意料的言論，目的是令人緊張

宋的一位宰相派遣侍僕前往市場巡視，並在侍僕回來後問道：「你在市場看到了什麼？」

侍僕：「沒看到什麼。」

宰相追問：「不可能，肯定有看到什麼吧！」

侍僕：「聽您這麼一說，市場的南門外面有很多牛車，僅能勉強通行。」

接著，宰相告誡侍僕：「不准告訴別人我問你的話。」

於是，宰相召來市場官吏責罵：「市場門外為什麼有那麼多的牛屎？」

市場官吏對於宰相的消息靈通大為震驚，之後再也不敢怠忽職守。

6 即使知道答案，也得明知故問

在明明知道答案，卻佯裝不知情的情況下刻意詢問，往往能讓你問出更多原本未知的情報。此外，只要你窺知部分實情，**那些原本被掩蓋的事實也能趨於明朗**。

明知故問、刻意裝傻，就能了解部屬在想什麼

韓昭侯剪指甲的時候，預先把其中一個指甲藏在手裡，他說：「寡人的指甲不見了。快去找出來。」

於是身旁的侍從焦急的尋找。結果，其中一個人刻意剪掉自己的指甲，並假裝意外的說：「我找到了。」

於是，韓昭侯由此得知自己身邊的侍從未必忠心。

韓昭侯握爪而佯亡一爪，求之甚急，左右因割其爪而效之，昭侯以此察左右之誠不。——〈內儲說上〉

▼**作者解說**

《老子》的第七十一章中，有句相當知名的句子：「知道自己無知是好事。無知卻自以為知道，就有危險。」（編按：原文為「知不知上；不知知病。」）此處的「病」，指的是裝傻。**主管或領導者如果給人太過精明果斷的印象，多半都會有反效果**。適時的裝笨、示弱，也是主管的必備條件之一。

7

顛倒是非，以測試對方

把白的說成黑的、把沒有當成有，只要稍微測試一下可疑的對手，對方暗藏在內心深處裡的壞心眼就會逐漸浮現。

刻意扯謊，幫你揪出不誠實的人

子之是燕國的宰相。有天，他坐在宅邸裡面，刻意扯謊捉弄身邊的侍從。

子之：「剛剛從門前跑出去的是白馬嗎？」

侍從：「不，我什麼都沒有看到。」

眾人皆如此回答，但只有一個人跑出去外面確認，並向子之回報道：「的確是匹白馬。」

就這樣，子之從身邊的侍從中找出了不誠實的人。

▼作者解說

「別相信任何人」——這是韓非的主要主張。誤信不可信之人，最後只會讓自己後悔莫及，相信大家應該都有類似經驗。在那種情況下，主管蒙受的損害更是深刻，輕則失去好不容易得到的地位，重則將整個組織給拖下水。因此，不論對方是否值得信賴，都應該先抱持懷疑，這就是韓非的哲學思想。

即使到了現代，仍然可以聽到許多主管，遭到曾經信賴的部屬背叛、戲弄，這都是因為相信了不該相信的人。就像韓非說的，只要一而再、再而三的來回試探，絕對能夠預防遭人背叛。

告訴對方反話，有助釐清真相

兩名男子在法庭上爭執不下。這時候，鄭國的宰相子產採用了這樣的方法。首先，把他們兩個人隔離，使他們無法直接交談。接著，子產把兩人的話反過來告知對方，他們為了反駁對方的言論，透露出更多事實。

結果，子產終於了解整個案件的實情。

有相與訟者，子產離之而無使得通辭，倒其言以告而知之。——〈內儲說上〉

精準布局，讓有心人士懼怕

衛嗣公派人扮成旅行者通關，卻遭到關所的官吏刻意刁難。於是，這人便用金錢賄賂了關吏，順利通關。

之後，嗣公召來關吏質問：「你曾經接受某個旅行者的賄賂，在收了對方的金錢後放行通關，對吧？」

衛嗣公如此明察秋毫，使關吏震懾不已。

第三章

察覺六種微妙警訊，鞏固你的領導權

一旦察覺部屬做出下列六種「微妙幽隱之事」（意即從小處得知部屬有反叛之心），主管就應該有所警惕，並預先採取各種防堵行動（〈內儲說下〉）。

1. 權借在下：絕不把權限下放給部屬。
2. 利異外借：不給部屬有借助外部力量的機會。
3. 託於似類：看穿部屬製造似是而非的假象。
4. 利害有反：利用部屬的利害對立，操控人心。
5. 參疑內爭：等級名分參雜混亂，部屬心生疑慮便會內部鬥爭。
6. 敵國廢置：按敵國的意圖來任免自己的大臣。

1 部屬執行了你的權限。你，知道嗎？

主管不可把決定權下放給部屬，否則他們會把你賦予的權力，以上百種不同的方式胡亂使用。換句話說，部屬一旦掌握決定權，他的勢力就會大增。這樣一來，內外的人都會成為部屬的黨羽，主管的權勢就會徹底遭到架空。

一人得道，雞犬升天

靖郭君是齊國的宰相。據說，靖郭君光是和老相識促膝長談，那個老相識就會變得富有；光是和身邊的侍從親近，對方的地位就會越來越高。

促膝長談、親近並不是什麼大不了的事情。然而，如此微不足道的事情都能夠致富，如果還將權勢出讓，豈不是天下大亂？

久語懷刷，小資也，猶以成富，況於吏勢乎？——〈內儲說下〉

▼作者解說

外戚和宦官，是中國皇帝制度的缺點之一。外戚和宦官掌握實權，把皇帝當成傀儡擺布、擾亂政局，最終導致國家滅亡的案例並不少。所謂外戚，是指與皇后或皇太后血脈相連的人，很容易就能握有國政實權。

完全沒有這種背景的宦官若想掌握實權，就得倚靠皇帝的威信。宦官從早到晚隨侍在皇帝身邊，他們就是仰仗著這樣的優勢，掌握了各項權力。親信的可怕之處就在這裡。如果主管沒有足夠的警戒心，外戚和宦官就會狗仗人勢、四處狐假虎威。現代社會仍然可以看到這樣的現象，可說是組織內的毒瘤。

部屬只順從有權限者，老闆無權照樣被騙

州侯是楚國的宰相，坐擁權勢，一手掌管國政。楚王懷疑他有二心，就問左右隨侍的侍從。

楚王：「州侯有沒有任何行事可疑之處？」

侍從：「沒有。」

像是早就約定好似的，每個人都做出相同的回答。

> 州侯相荊，貴而主斷，荊王疑之，因問左右，左右對曰「無有」，如出一口也。——〈內儲說下〉

▼作者解說

部屬最懼怕的，是真正掌握權限的人。換句話說，沒有權限的主管，即便擁有顯赫的頭銜，終究也只是隻紙老虎。主管如果不想在部屬面前失去威信，就應該先掌握權限，並且緊握著不放。

不知不覺間，換人當家做主

燕國有個名叫李季的男人，他經常出遠門旅行。李季的妻子趁丈夫外出時，和別的男人通姦。

李季外出返家時，那名姦夫正巧在房裡。妻子不知該如何是好。於是，女僕獻出一計。

女僕：「就讓公子（姦夫）光著身體，披頭散髮出去吧！我們就假裝什麼都沒看到。」於是，那個男人便光著屁股從房間跑了出去。

李季見狀，大聲驚呼：「什麼人？」

家裡所有的人串通一氣的回答：「沒有人啊！」、「老爺，您該不會是見鬼了吧？」、「肯定是這樣沒錯。」

李季誤以為自己中邪，便憂心忡忡的問道：「那該怎麼辦才好？」

家僕：「聽說用牛、羊和豬，還有狗和雞的尿洗澡，可以驅除邪氣。」

李季：「那麼，就這麼辦吧！」

結果，戴了綠帽的李季不僅沒有抓到姦夫，還用畜生的尿洗了澡。還有另一個說法，據說李季用的洗澡水是蘭草煮的水。

2 有人在借助他人力量對抗你嗎？

主管和部屬不僅高度不同，面對的各種利害關係也不一樣，所以**主管不該期待部屬的忠誠**。

實際上，當部屬的利益增加，主管的利益就會相對減少。所以，古代壞心眼的臣子會勾結敵軍，打擊國內的競爭對手，並藉著外患問題擾亂君主的判斷。這些不忠的亂臣只為了追求私利私欲，完全沒有把國家利益放在心上。

就算同枕夫妻，利害不同心

衛國的某對夫妻向上天祈禱。

妻子祈禱：「神啊，請賜給我一百捆布匹。」

丈夫則說：「求得太少了吧！」

聽到丈夫這番話，妻子回答：「祈求太多，你還不是拿去給小妾？」

衛人有夫妻禱者，而祝曰：「使我無故，得百束布。」其夫曰：「何少也？」對曰：「益是，子將以買妾。」——〈內儲說下〉

▼作者解說

就連同住一個屋簷下的夫妻，都有如此大不相同的利害關係，更別說是君主和臣子之間了。如果不嚴謹看待兩者之間的差異，便可能一失足成千古恨，這是韓非提出的警告。

部屬一旦聯手，領導者就危險了

魯國的老臣孟孫、叔孫、季孫（三桓），合力削弱魯昭公的權力，最終不僅架空了魯昭公，甚至還掌握了魯國的國政實權。

之後，當三桓開始劃分各自的勢力範圍時，魯昭公先發制人，率眾圍攻季孫。孟孫和叔孫見狀，為了該不該前去營救而共同商議。

叔孫的家臣主張：「我們只是家臣，不懂國家大事。有季孫和沒有季孫，哪種情況對我們比較有利？從這一點去做判斷，不就行了嗎？」

眾人紛紛回答：「沒有季孫，叔孫必然也會跟著敗北。」、「的確，一點都沒錯。那我們去救他吧！」

就這樣，叔孫的黨羽豎起大旗，從西北方突破魯昭公的圍城軍隊，順利進入季孫的城內。孟孫見狀，也跟著率兵前往救援。就這樣，三桓的兵隊共同攜手對抗魯昭公的軍隊。

吃下敗仗的魯昭公被迫逃出魯國，最後客死在名為乾侯的異鄉。

▼作者解說

君主的地位看似穩固，事實上卻格外脆弱。最典型的情況，就是遭到親信或重臣的背叛。當權力核心中有親信或重臣存在，一旦遭到這些人的背叛，君主的地位或權勢將無法挽回。因此，不管再怎麼信任底下的人，還是得隨時注意、保持警戒，千萬不能大意。

借助外國的力量，使自己有利

翟璜是魏王的臣子，卻又和韓國交好。他暗自召來韓國軍隊，命他們攻打魏國。接著又代替魏王前去講和，藉此提高自己在國內的地位。

翟璜，魏王之臣也，而善於韓，乃召韓兵令之攻魏，因請為魏王搆之以自重也。——〈內儲說下〉

3 製造似是而非的假象，來排除異己

部屬如果使用詭計操弄上級，主管就會在不知情的情況下誤用刑罰。這樣一來，形同擴大了部屬的權力。

故意回報錯誤資訊，借刀殺人

齊國有個重臣名叫夷射。某次，齊王宴請酒席，夷射喝得酩酊大醉。於是，他便走到戶外，把身體靠在門邊醒酒。

門衛是個遭受斷足之刑的男子，他向夷射請求：「如果還有剩餘的酒，能不能賞賜一點給小的？」

夷射：「滾，閃邊去！你這個受刑之人竟敢向我討酒喝！」

門衛退到一旁，待夷射離開之後，門衛便在門簷附近灑水，看起來就像是

撒了泡尿的樣子。

隔天，齊王看到此景，勃然大怒：「是誰？誰在這種地方撒尿？」

門衛回答：「小的不知道。不過，昨晚夷射大人曾經站在這裡。」

齊王便逮捕夷射，將他處死。

▼作者解說

主管誤用賞罰，主要有下列兩種原因：

一、礙於人情、偏袒徇私。這種時候，人往往會自我說服，認為自己的處理方式是得宜的。然而，若要追根究柢，主要還是因為主管對自己的所作所為不夠嚴謹、自我意識不足所致。

二、根據錯誤的報告進行判斷。在這種情況下，主管沒有識破虛假的報告、隨意聽信單方面的資訊，輕率的決定處罰當事人。

本故事中的齊王，很明顯就是後者。這個例子也清楚的傳達出，招人怨恨的可怕之處。

借助上頭的力量，打倒敵人

楚王非常寵愛側室鄭袖。後來，魏國獻上美女討好楚國。鄭袖對美女說：「陛下喜歡用手掩住口鼻、容貌若隱若現的女子。因此之後當他召見妳時，記得要用手遮掩住口鼻。」

於是，這位美女每次來到楚王身邊，必定會用手遮掩住口鼻。楚王私下詢問其中原委，鄭袖故意回答：「她之前說過，不喜歡陛下的體臭。」

之後，鄭袖和美女一起來到楚王身邊。這時，鄭袖就事先告誡侍從：「等一下陛下如果說些什麼，你一定要馬上照做喔！」

來到御前伺候的美女依照往例，不斷的遮掩口鼻。楚王頓時勃然大怒：「來人，割掉這女人的鼻子。」

侍從立刻手起刀落，割掉了美女的鼻子。

▼作者解說

擾亂主管判斷力的人，不光是親信或重臣，妻妾或她們的親屬也一樣，光是待在主管的身邊，就足以造成嚴重的危害。韓非便是透過這個故事告誡大家，不該對親信或幹部怠忽警戒。

就算再怎麼防禦外敵，也未必能有絕對的安全，因為敵人就存在於內部；光是留心憎恨者還是不夠，因為**災禍來自於所愛之人**。

話又說回來，楚王身為一國之君，卻仍遭鄭袖蠱惑，實在愚蠢至極。

部屬看穿你的斤兩，就會棄你不顧

中山國有位不受君王寵愛、只有冷飯可吃，地位低下的王子。他的馬很瘦、車很破，生活窮困潦倒。

王子有個存有二心的家臣。他向君主提出請求：「王子貧困，就連馬的飼草都供養不起。至少請陛下增加一些馬匹飼料吧！」

可是，君主並不答應。於是，家臣確定王子的地位不可能提升，便偷偷放火燒了存放飼草的小屋。君主認定凶手肯定是那位王子所為，便誅殺了王子。

中山有賤公子，馬甚瘦，車甚弊，左右有私不善者，乃為之請王曰：「公子甚貧，馬甚瘦，王何不益之馬食？」王不許，左右因微令夜燒芻廄，王以為賤公子也，乃誅之。——〈內儲說下〉

4
利用部屬的利害對立，查明真相

發生任何狀況時，如果有人因此而受益，那麼，通常那個人就是主謀；同樣的道理，如果有人因此蒙受損害，只要查查這個人平時違背了誰的利益，就能找出幕後黑手。因此，當國家蒙受損害時，君主應該調查從中獲利者為誰；如果發生對臣子造成損害的事件，就要找出利益和該臣子相反的人。

誰因為這件事而受益？就是主謀

昭奚恤擔任楚國宰相時，發生糧倉縱火的事件，但始終找不到犯人。於是，昭奚恤命人逮捕販賣茅草的商人，結果縱火者真的是販賣茅草的商人。

以成為接班人為目標的部屬最可疑

僖公泡澡沐浴時，發現洗澡水裡混有小石子，於是他召來隨身侍從詢問。

僖公：「尚浴（編按：掌管君主沐浴的官吏）如果免職，還有其他可以繼任的人嗎？」

侍從：「有。」

僖公：「把那個繼位者叫過來。」

繼位者過來之後，僖公大聲斥責：「你為什麼把小石子放在洗澡水裡？」

男子回答：「陛下饒命。因為如果尚浴遭到免職，我就可以取而代之，所以我才故意把小石子放進洗澡水裡。」

僖侯浴，湯中有礫，僖侯曰：「尚浴免則有當代者乎？」左右對曰：「有。」僖侯曰：「召而來。」譙之曰：「何為置礫湯中？」對曰：「尚浴免，則臣得代之，是以置礫湯中。」——〈內儲說下〉

▼作者解說

不論是在家裡或是外頭，每個人其實都身陷於複雜的利害關係中。查明事情的真相時，不妨把重點放在這方面。韓非對於利害關係的說法雖然單純，卻相當具有說服力，甚至可以當作現代搜查犯罪線索的方法。

事情很明顯了？真凶往往另有其人

晉文侯曾經發生這樣的事。某次，膳夫端上烤肉，烤肉上面沾有頭髮。晉文侯便召來膳夫斥責。

晉文侯：「居然讓寡人吃這種東西。如果害寡人噎到，你該當何罪？為什麼烤肉上面有頭髮？」

膳夫跪地賠罪：「小的該死。小的犯了三項死罪。菜刀磨得太過鋒利，切肉時，肉斷了，頭髮卻沒斷，這是我的第一項死罪；拿竹籤刺肉時，沒有注意到頭髮，這是我的第二項罪；炭火通紅，肉烤熟了，頭髮卻沒燒焦，這是我的第三項死罪。又或者是堂下事奉之人有人憎恨於我。」

晉文侯聽出他話中有話，便不動聲色的回答：「寡人知道了。」

之後，晉文侯把堂下事奉的人全部召來責問，果然找到了真凶。最後，那個人被判處死罪。

5 部屬對自身職級名分有疑慮，就會內鬥

內部的勢力鬥爭是混亂的根源，因此，身為明君（主管、領導人）要特別注意，務必杜絕底下的人互相對立、引發爭端。

爭奪繼位權，是最常見的內鬥

楚成王早已立商臣為太子，之後卻又欲將其改立為公子。商臣雖已察覺楚成王的意圖，卻不清楚消息是否確實。於是便與師父潘崇討論。

商臣：「該怎麼查證此事呢？」

潘崇：「設宴招待楚成王的妹妹江芊，並刻意用粗茶淡飯招待她。」

商臣便照著潘崇的方法去做。江芊怒不可抑，氣憤的說：「哼！你這個蠢材！難怪王兄想廢掉你的太子之位。」商臣告訴潘崇：「傳聞果然是真的。」

潘崇：「若真是如此，你能夠接受公子之位嗎？」

商臣：「不能。」

潘崇：「那麼，你能委身其他國家嗎？」

商臣：「那也不成。」

潘崇：「那就放手一搏吧！」

商臣：「就這麼辦。」

於是，商臣便率領禁衛軍闖進皇宮，擒住楚成王。楚成王為了替自己爭取時間，提出希望在死前再吃一次熊掌的請求。然而，商臣並不同意，最後楚成王便自盡身亡了。

▼作者解說

自古以來，爭奪繼位權所引起的家族紛爭不勝枚舉。其中最為人所知的，就是秦始皇與漢高祖劉邦的王位之爭，甚至連唐朝的唐太宗、清朝的康熙皇帝那樣的明君也不例外。

君主的寶座只有一個，覬覦這個位子的卻不會只有一人。再加上臣子的命運，往往會因繼任君主的作為而徹底改變，因此繼位者的鬥爭甚至可能演變成整個國家的分裂。**要解決這個問題的關鍵只有一個，那就是君主（主管）本身的態度必須堅定。**

話雖如此，但在實際場合中，主管很難不受公司的經營方針影響，一旦高層改變政策時，身為雇員的主管，本身的職位等級和名分當然也得跟著變動。換句話說，工作上必然會面臨各種外在環境的變化，這同樣是為人主管必須面對的課題。

鬥爭的題材沒有極限

晉國大夫狐突，曾說過這麼一番話：「如果君主喜好女色，愛妾們都希望自己的子嗣繼位，太子的地位就會變得動盪不穩；倘若君主偏好男色，君主看中的男人就會掌握實權，宰相的地位就會變得不穩。」

狐突曰：「國君好內則太子危，好外則相室危。」——〈內儲說下〉

6 誰意圖使你改變人事決定？

敵人會擾亂我方的判斷，企圖讓自己的謀略成功。如果不小心陷入其中，就會造成誤判，將值得重用的部屬免職、甚至錯殺。

來路不明的大禮別亂收

孔子被任命為大臣後，魯國的政治變得煥然一新。鄰國的齊景公為此十分憂慮。名為黎且的重臣見狀，便向齊景公獻出一計。

黎且：「要讓孔子失勢並非毫無辦法。首先，以重祿高位招攬他來齊國，另一方面，再贈送女樂給魯哀公，令他驕縱迷惑。魯哀公肯定會沉迷女樂而怠忽政治。這時，孔子必然會出面勸諫。人們總說忠言逆耳，孔子的勸諫肯定會令魯哀公不悅，屆時，孔子自然無法繼續留在魯國。」

齊景公：「好，就這麼辦。」

齊景公馬上命黎且編組十六人女樂，送給魯哀公。魯哀公接收後果然立刻沉迷女樂、不顧國政。孔子的勸諫完全沒用。最後，孔子無奈離開魯國，前往楚國。

哀公樂之，果怠於政，仲尼諫，不聽，去而之楚。——〈內儲說下〉

▼作者解說

陷入敵人的謀略而自掘墳墓的案例，自古以來相當多。最有名的就是發生在項羽身上的故事。

秦始皇辭世後，項羽和劉邦相互爭奪天下。剛開始項羽擁有壓倒性的優勢，劉邦自知自己的力量敵不過項羽，便企圖利用計謀瓦解項羽的力量。他刻意放出「有許多項羽的部下暗中投靠了劉邦」的假消息，項羽信以為真，從此不再相信自己的部下。項羽軍隊的戰力因而大幅下挫，最終敗給了劉邦。

對謀略者來說，放出假消息削弱敵人的實力，是效率相當高的致勝方法。不過，那些會傻傻中計、上當的君主，也許從一開始就失去了擔任君主的資格。

放出假情報排除異己

晉國的叔向為了讓周國的萇弘失勢，使出了假書信的伎倆。信中採用萇弘慣用的口吻，寫道：「請轉告晉王，約定的時間已經來臨，希望貴國可以馬上派出軍隊」。

叔向刻意讓書信掉落在周國的宮殿，並且快速離開現場。結果，看了書信的周王，一怒之下就把萇弘當成賣國賊給殺了。

周以萇弘為賣周也，乃誅萇弘而殺之。——〈內儲說下〉

第四章

十種錯誤害領導者自取滅亡

領導者自取滅亡的過錯有十種，請各位務必謹慎（〈十過〉）。

1. 行小忠：一片好意，卻壞了大事。
2. 顧小利：眼前利益先到手再說，以後的事別想太多。
3. 行僻自用：行為怪僻，自以為耍個性，對外無禮，是自取滅亡的根源。
4. 不務聽治而好五音：不顧國政，沉迷休閒娛樂，就會把自己逼入苦境。
5. 貪愎喜利：利令智昏，一味將利益納入私囊，終會賠上國家也賠上自己。
6. 耽於女樂：沉迷女子，罔顧國政，是亡國的禍害。
7. 離內遠遊：拋下國家到遠方玩樂，認為自己有能耐遠距遙控，使自己深陷險境。
8. 過而不聽於忠臣：犯錯不聽勸諫，是喪失好名聲並被人恥笑的開端。
9. 內不量力，外恃諸侯：不懂得自我壯大、老是倚靠他人，國家因此削弱。
10. 國小無禮，不用諫臣：不擁有真正的權勢卻對人無禮、還不聽勸告，終將亡國絕後。

1 部屬（你）的好意，害慘了上司

何謂「行小忠」？《韓非子》中曾記載了以下故事：

從前，楚共王和晉厲公在鄢陵打仗，楚軍戰敗，楚共王歷經苦戰，眼睛甚至慘遭射傷。在戰爭最激烈的時候，楚國的將軍子反口渴想喝水。於是，侍從豎谷陽拿了一大杯酒給子反。

子反：「不成，這不是酒嗎？」

豎谷陽：「不，這不是酒。」

聽到這番話後，子反便接過酒一口飲盡。他本來就不討厭酒，再加上這杯酒非常美味，便一杯接著一杯，最後喝到酩酊大醉。

戰事暫時停頓下來後，楚共王打算重整部隊再行反攻，於是派人找子反前來共商戰事，子反表示胸痛無法前來。於是，楚共王便親自乘車前往探視子反。一走進子反的營帳，便聞到撲鼻而來的酒味。

楚共王直接返回自己的營帳，他說：「今日交戰陷入苦戰，連寡人自己都身負重傷，現在能夠仰賴的人只有子反將軍了。沒想到他卻喝得爛醉，這種狼狽德行根本完全不把國家、楚軍放在心上。這場戰役已經打不下去了。」

楚共王下令收兵，班師回朝後，問罪處斬了子反。

以善意為出發點，並不代表一定有好結果

豎谷陽拿酒給子反喝，並不是嫉恨子反。他對子反相當忠愛，可是這樣的忠愛卻反而害死了子反，這就是所謂的「行小忠而失大忠」。

行小忠則大忠之賊也。——〈十過〉

▼作者解說

侍從拿酒給子反喝，出發點是基於善意，沒想到卻弄巧成拙；對子反而言，侍從那樣的行為竟成了致命的陷阱。真要說哪裡出了問題，大概是因為子反喜歡酒，才會毫無節制的一杯接著一杯。這種時候，主管應該注意下列兩點：

一、因為喜歡而越陷越深，這就是人性的弱點。對一般人（部屬）來說或許還無所謂，但對於肩負責任的領導者來說，越陷越深是一大禁忌。主管必須嚴厲控管、約束自己才行。

二、必須了解現在什麼最重要，避免做出錯誤的判斷。因此，主管必須隨時保持冷靜的態度，以確保能確實管控各種場面。

2 先拿到眼前利益，以後的事以後再說

何謂「顧小利」？從前，晉獻公欲攻打虢國，但是，要攻打虢國，就必須經過虞國的領地。這個時候，名為荀息的重臣便向晉獻公進言。

荀息：「贈送垂棘之璧（編按：垂棘出產的美玉）與屈產之乘（編按：屈地出產的良馬），向虞國借路，虞國一定會同意。」

晉獻公：「垂棘之璧是先王傳承下來的國寶，屈產之乘對寡人來說更是無可取代的寶馬。萬一虞國收了禮物，卻不願意借路，那該如何是好？」

荀息：「如果虞國不打算借路，便不會收下贈禮；如果他們收下贈禮，又願意借路給我們，那就太好了。

「而且，我們只不過是把自家的寶物，從國內的庫房移到國外的庫房。而馬匹也只是從國內的馬房移到國外的馬房罷了，陛下無須多慮。」

晉獻公：「那好吧！」

別老是被眼前的利益蠱惑

晉獻公接受荀息的建議，便命令荀息擔任兩國使者，帶著美玉和寶馬前往虞國，進行借路的交涉。

虞公相當中意晉國餽贈的美玉和寶馬，便接受了晉國的請求。虞國的重臣宮之奇見狀，立刻上前提出諫言。

宮之奇：「那可不成。對虞國來說，虢國就像是支撐馬車用的支柱。支柱倚靠馬車、馬車倚靠支柱；同樣的道理，虞國和虢國也是互助關係，就像輔車相依的關係一般。

「如果我們借路給晉國，當虢國滅亡之際，也是虞國壽終正寢之時。所以千萬不可接受，請務必拒絕這個請求。」

然而，忠言逆耳，虞公並未接受，還是同意借路給晉國。

荀息成功攻下虢國，凱旋歸國。三年後，再次起兵，順利拿下虞國。結果，荀息帶著寶馬和美玉回到晉國，向晉獻公報告戰勝的成果。

晉獻公開心的說道：「美玉完好如初，甚至連寶馬都長大了許多。」

為什麼虞公會戰敗、最終失去領土？就是因為虞公只顧眼前的利益，完全沒有考量未來可能發生的損害。這就是所謂的「顧小利而賠上大利」。

顧小利則大利之殘也。——〈十過〉

▼作者解說

韓非認為人類是為了利益而採取行動的動物，因此，要讓人們不被利益所誘惑，根本是不可能的事。被利益所誘惑可說是人類的宿命，也正是如此，各種人生的悲劇才會不斷上演。

實際上，人們既然擺脫不了得追求利益的習性，與其追求小利，不如以更大的利益為目標。主管或許可以利用下列兩項要點來約束自己：

一、不要丟失大局的判斷。

二、隨時做好目標管理，不要輕忽怠慢。

3 要個性

何謂「行僻自用」？《韓非子》中曾記載了以下故事：

以前，楚靈王召集諸侯在申地會盟。然而，宋國太子遲到了，楚靈王把他抓起來拘禁。甚至，楚靈王還侮慢徐國君主，扣留齊國的宰相慶封。

侍衛官為此向楚靈王勸諫。

侍衛官：「諸侯會盟，不能無禮、輕慢。這是攸關國家存亡的關鍵。過去，夏桀王在有戎會盟之後，發生臣子有緡的叛變事件。另外，殷紂王在黎邱會盟後，也遭到戎狄的背叛。這些全都是起因於無禮。還請陛下三思。」

可是，楚靈王不聽侍衛官的勸諫，依然我行我素。

之後，不到一年的時間，楚靈王前往南方遊玩，首都無人管理，於是群臣便群起謀反。最後，進退維谷的楚靈王，便在乾溪上活活餓死。

任性是自取滅亡的根源

這就是所謂的「行為怪僻，自以為是，對外無禮，是自取滅亡的根源。」當組織內部有狀況發生時，最大的禁忌就是群龍無首。換句話說，主管必須是面對任何狀況，都能保持冷靜的人。

行僻自用，無禮諸侯，則亡身之至也。——〈十過〉

▼作者解說

「行僻自用」通常簡稱「行僻」二字，其內容包含下列三點：

一、超出常識。

二、觀念偏頗。

三、獨善其身。

由此看來，主管若想帶領團隊，也許先該學學何謂人情世故。

4 沉迷於休閒娛樂

何謂「不務聽治而好五音」？若換成現代白話文，意思就是「不務正務、只享受作樂」。

以前，衛靈公在前往晉國的途中，來到濮水邊，停下馬車、放馬吃草，並架起營帳，準備夜宿。

夜裡，傳來過去從未聽聞的樂曲。衛靈公聽得入迷，便派人到附近尋找，卻沒有半個人聽到樂曲。於是，衛靈公召來樂官師涓。

衛靈公：「寡人聽到從未聽過的美妙樂曲。派人在這附近查訪，卻沒有半個人聽到樂曲。莫非是鬼神在故弄玄虛？你仔細聽聽，替寡人把它模擬下來。」

於是，師涓靜靜坐著，一邊撫琴，一邊把聽到的樂曲模擬下來。隔日，師涓向衛靈公報告，並提出請求：「屬下已經把樂曲模擬下來了，但是仍不夠熟悉，請在這裡多留宿一晚，讓臣再練習一番。」於是衛靈公便在原地多停留一晚，待師涓學習完成後，再出發前往晉國。

玩物不止喪志，皇帝都會失業

晉平公在施夷的宮殿設宴迎接衛靈公。就在宴會進入高潮的時候，衛靈公站了起來，開心的宣布：「寡人準備了一首新樂曲，不介意的話，希望在此演奏給各位聽聽。」

晉平公允諾後，衛靈公便把師涓叫來，讓他坐在晉國的樂師師曠身邊。師涓拿起琴開始彈奏。樂曲還沒有彈奏完，師曠突然出手制止說：「這是亡國之曲，不能彈完。」

晉平公：「這樂曲是誰做的？」

師曠：「這是殷朝的師延所做的樂曲。他原本是為紂王演奏靡靡之音的樂師，之後在紂王被周武王討伐時，逃往東方，最後在濮水投河自盡。「所以，這首樂曲只有在濮水邊才能聽到。而且，據說聽到這首樂曲的人，國家一定會衰敗。還是不要彈完它比較好。」

可是，晉平公卻聽不進去：「寡人的樂趣就是音樂，還是讓他彈完吧！」於是，師涓便把整首樂曲彈完。

聽完之後，晉平公又問：「這首樂曲是什麼琴調？」

師曠：「這是清商調。」

晉平公：「清商是最淒美的琴調嗎？」

師曠：「不，清商還不及清徵。」

晉平公：「那麼，寡人想聽聽清徵。」

師曠：「不，那可不成。古代聽清徵琴調的，都是德義極高的君主。現在陛下的德義還不夠高，不可以聆聽。」

晉平公仍然非常堅持：「寡人的樂趣就是音樂，很想聽一聽。」

德不配位，將引來大禍

聖命難違，師曠開始撫琴彈奏。就在演奏的當下，突然有十六隻玄鶴從南方飛來，停在廊門的屋脊上。師曠繼續彈奏，玄鶴便排成行列，並開始伸長脖子鳴叫、張開翅膀起舞。琴聲與鶴鳴的合奏響徹天空，絕非先前清商的琴調可以比擬。

晉平公聽了相當滿足，同席的人也相當感動。一曲奏畢，晉平公舉起酒杯，站起身向師曠敬酒。

晉平公：「有沒有比清徵更悲傷的樂曲？」

師曠：「有。清角之曲。」

晉平公：「那麼，可以聽聽清角嗎？」

師曠：「千萬使不得。從前，黃帝在泰山和鬼神聚會。他駕著由六匹蛟龍拖拉的象牙車、趕著六條蛟龍，車的左右站著畢方（編按：傳說中的木精）、前面站著蚩尤（編按：傳說中的火神）；風神在車前掃除塵埃、雨神灑水沖洗道路，虎狼開路，神鬼殿後。同時，地面有騰蛇匍匐，天空則有鳳凰飛舞。黃帝在聚集了眾多鬼神之後，才製作出清角之曲。陛下的德義還不夠高，不可以聆聽此曲。如果聽了，恐怕會有殺身災禍。」

可是，晉平公還是聽不進去：「寡人已經年邁，唯一的樂趣只有音樂，就讓寡人聽聽吧！」

迫於無奈，師曠只能開始撫琴演奏。開始彈奏的當下，西北方湧出詭異的烏雲。師曠繼續彈奏，伴隨著暴雨的狂風襲來，吹裂了帷幕，摔碎了碗盤，甚至連宮殿的瓦片都被吹飛。同席者紛紛落荒而逃，晉平公俯臥在走廊下的角落，害怕得發抖。

從此之後，晉國便久旱不雨，長達三年都沒有農作物可收。同時，晉平公也身患重病，無法治理國事。

這就是所謂的「不顧國政，沉迷音樂，會把自己逼入苦境」。

不務聽治，而好五音不已，則窮身之事也。——〈十過〉

▼作者解說

使人沉迷、上癮的，未必只有音樂，念咒、祈禱、靈媒問事、占卜也都是類似的作為。當你迷惘時，或許可以參考上述這些做法，當作個人判斷的參考。但面對團隊問題卻還是這麼執著時，就可能鑄下大錯。

因為這種**凡事問鬼神的做法，等於是自己放棄了身為主管的責任**。俗話說「盡人事，聽天命」，意思就是以自己的想法做出合理判斷、克盡人事，而非把決定權完全交付給不可知的力量。

5 格局遠大卻捨不得多讓利

何謂「貪愎喜利」？若換成現代白話文，就是「貪婪乖戾、愛好利益」的意思。《韓非子》中曾記載了以下故事：

以前，晉國的智伯瑤率領趙、韓、魏的軍隊，攻打范吉射和中行寅（編按：兩者皆為晉國貴族，范氏、中行氏），順利將兩家消滅，告捷回國，休兵養精蓄銳數年後，智伯便派出使者前往韓國，要求割讓土地。韓康子欲拒絕使者的要求，這時，名為段規的臣子出面勸諫。

段規：「不能拒絕。智伯這個人既貪婪又殘暴，倘若拒絕不給，肯定會派兵攻打韓國。還是隱忍接受他的請求吧！這樣一來，智伯肯定會食髓知味，進一步向其他國家要求土地。其中或許會有斷然拒絕的國家。屆時，智伯定會向那個國家用兵。如此一來，韓國就可以避免禍患，靜待情勢的變化。」

韓康子：「原來如此，那好吧！」

於是，韓國派出使者，把擁有一萬戶人家的縣邑獻給智伯。智伯欣喜不已，接著派使者向魏國求取土地。魏宣子同樣也準備拒絕請求。這時，名為趙葭的臣子向其勸諫。

趙葭：「智伯先前向韓國求取土地，韓國接受了他的請求。現在他向魏國提出相同的要求，如果我們自恃強大，拒絕請求的話，肯定會激怒智伯，使他對魏國用兵。還是依照他的要求，把土地割讓給他會比較妥當。」

魏宣子：「原來如此，那好吧！」

魏宣子同樣派出使者，把擁有一萬戶人家的縣邑獻給智伯。食髓知味的智伯又進一步派出使者前往趙國，要求趙國割讓蔡皐狼之地。趙襄子斷然拒絕。

憤怒的智伯便暗中和韓國、魏國約定聯手討伐趙國。趙襄子得知智伯欲對趙國用兵的消息後，找來臣子張孟談商量對策。

趙襄子：「智伯這個人表面上看似態度親切，內心卻完全相反。他三次派遣使者前往韓國與魏國，對寡人卻連聲問候都沒有。想必他已經打算派兵攻打我國。現在我們應該如何布陣迎擊才好？」

張孟談：「那就只有晉陽了。那裡原本是由事奉先王的董閼于治理，董閼于是個深謀遠慮之人，他死後，賢人尹鐸承襲他的遺志治理晉陽。因此，當地的根基相當穩固。若要布陣迎敵，唯有晉陽是最佳之選。」

趙襄子：「原來如此，那好！」

聖人之治藏於民，不藏於府庫

趙襄子命延陵生先前往晉陽，自己則隨後抵達。抵達晉陽後，趙襄子馬上檢查城池和倉庫。沒想到，不僅城池破舊不堪，糧倉、金庫、武器庫也空空如也，甚至完全沒有半點防禦設施。趙襄子連忙召來張孟談。

趙襄子：「寡人已經視察過城池和倉庫了。完全沒有絲毫準備。這樣根本無法與敵軍對抗。」

張孟談：「據說聖人治理國家時，不會填滿自己的倉庫，而是裝滿百姓的荷包；不會修繕城池，而是致力於教化百姓（編按：原文為「聖人之治藏於民，不藏於府庫」）。請陛下親自下令，讓百姓留下三年份的食糧，餘糧全繳交國庫。留下三年份的錢財用度，將剩餘的部分繳交給金庫。如果人手有餘，就來協助城池修繕。」

趙襄子在黃昏發出命令，第二天，糧倉、金庫、武器庫全都瞬間塞滿了。五天之後，城池也完成修繕，徹底做好迎戰的態勢。趙襄子召來張孟談。

趙襄子：「城池修繕完成，防守的態勢也就緒了。錢糧充足、武器有餘，可是，寡人沒有箭。有沒有什麼好的對策？」

張孟談：「據說過去董閼于治理晉陽的時候，在宮殿的周圍種滿了荻蒿和楛楚，以其作為高牆。現在楛楚已有一丈多高，只要將其砍斷，用來削製成箭即可。」

趙襄子馬上用楛楚製箭，其堅硬的程度更勝於硬竹。

趙襄子：「箭已經足夠了，可是還缺製作箭頭的金屬。」

張孟談：「聽說董閼于治理晉陽時，宮殿的礎石全都使用銅製。只要使用那些來製作箭頭就行了。」

於是趙襄子命人挖出所有的銅製礎石，結果數量多得幾乎用不完。就這樣，各種號令都已下達，趙國已做好所有迎戰的準備。

▼作者解說

「聖人之治藏於民，不藏於府庫」張孟談的這句話說得極好。即便讓軍事變得再強大、資產何等倍增，一旦缺少關鍵的民意支持，政治就無法成立。創造無形資產，對任何一位管理者（或說政治家）而言，都是相當重要的課題。

唇亡齒寒，弱者結盟才能扳倒強者

智伯果然率領韓、魏的軍隊襲來。雖然大軍馬上一路攻向晉陽，卻持續三個月都無法攻陷。於是，智伯便疏散軍隊來包圍晉陽城，並引晉陽之水（汾水）淹灌晉陽城。

就這樣，晉陽城遭圍困了三年之久。遭圍困的期間，城內的居民在樹上營巢而居、吊鍋燒飯。然而，最終仍耗盡了食糧、錢財，將士們也疲憊不堪。

趙襄子對張孟談說：「糧食所剩不多、錢財已然見底，將士們都精疲力盡。我們已經無法再如此堅守下去了。寡人打算投降，但在智伯、韓、魏之間，寡人該降伏於何人？」

張孟談：「如果無法挽救滅亡，豈能稱為智慧之人？請陛下再稍候一段時日。請容臣祕密出城，謁見韓魏兩國的君主。」

張孟談於是謁見韓、魏兩國的君主，劈頭說道：「正所謂『脣亡齒寒』。現在智伯強迫兩位陛下攻打趙國，趙國已經奄奄一息。待趙國滅亡後，接下來就輪到兩位陛下了。」

兩位君主回答：「這點我們當然相當清楚。可是，智伯是個殘忍粗暴的男人。我們共同謀劃的事情若被察覺，肯定馬上大禍臨頭。到底該如何是好？」

張孟談：「共同謀劃的事情從你們的嘴裡說出，只會進我一個人的耳朵。誰也不會知曉。」

於是，兩位君主便和張孟談約定，與趙國聯手推翻智伯，並約定好時間。那天夜裡，張孟談返回晉陽城內，報告韓、魏反戈的事情。趙襄子聽聞報告後又驚又喜，犒勞張孟談的辛勞，但另一方面卻也相當不安。

寧信外人不信家人，失敗是很合理的

韓、魏兩國的君主和張孟談約定好，送走張孟談之後，就如往常般，前去謁見智伯。離開時，在軍營外和智伯的參謀智過擦肩而過。智過覺得他們兩人的神色有點怪異，便立刻來到智伯身邊。

智過：「韓、魏兩國的君主神色不太尋常。」

智伯：「從何說起？」

智過：「他們走起路來意氣高昂，自信滿滿的模樣，和平時完全不同。臣以為，還是先下手為強比較妥當。」

智伯：「寡人和兩國的君主約定好，打敗趙國之後，共同瓜分趙國的領土，展現出相當大的誠意，他們肯定不會背叛寡人。而且，包圍晉陽三年之久，眼看就快瓜熟落地、共享成果，怎麼可能突生異心。以後不准再講這種挑撥離間的話。」

隔天，兩位君主再次前往謁見智伯。離開時，又在軍營外和智過擦肩而過。智過馬上來到智伯身邊。

智過：「陛下把臣說的話告訴兩位君主了嗎？」

智伯：「你怎麼知道？」

智過：「臣剛剛和他們兩位擦肩而過，此兩人神色怪異，還盯著臣看。他們肯定是要謀反，最好立刻斬殺。」

智伯：「不要再說了，你的話實在太多。」

智過：「不行，一定要想辦法處理。如果不能殺掉他們，就必須反過來更加禮遇他們。」

智伯：「你說來聽聽。」

智過：「魏國的謀臣叫趙葭，韓國的謀臣叫段規。這兩人的諫言足以動搖兩國君主的決策。陛下可以向他們做出承諾，攻下趙國後，就分別賞賜擁有一萬戶人家的縣邑給他們。這樣一來，兩國君主就不會變心。」

智伯：「三位君主共同瓜分趙國領土後，寡人還要各賜一個縣邑給兩位謀臣嗎？不成，那寡人得到的領土不就變少了？」

智過見智伯不願採納他的意見，便直接離開軍營，改姓為輔，隱居他處。

終於，約定的時間到了。趙國突襲在堤防戒備的軍隊，破壞河堤，讓水灌入智伯的陣營。接著，韓、魏的軍隊從左右兩側來襲，趙襄子的軍隊則從正面迎頭痛擊，徹底瓦解了智伯的軍隊。智伯因而成了階下囚。

最後，智伯身死軍破，國家被一分為三，成了天下人的笑柄。這就是所謂的「利令智昏，一味的追求利益，終會賠上國家也賠上自己。」

貪愎喜利，則滅國殺身之本也。——〈十過〉

▼作者解說

在這段故事裡，韓非想說的不外乎下列兩點：

一、貪婪所造成的負面後果。

二、凡事應該力求公平。

追求利益是人類活動的源動力，正因為如此，文明才會不斷進步。然而，**追求利益時，最好捨棄掉獨善其身的自私觀念**，並且盡可能做到與他人共享利益。若是做出有損他人的事情，就無法避免負面後果。

6 貪戀女色

何謂「耽於女樂」？若換成現代白話文，就是「貪戀女色」。

以前，戎王（編按：西域的異族）命臣子由余為使者，派遣他去拜訪秦穆公。秦穆公向由余討教：「寡人曾聽聞『治理之道』，可是不曾親眼目睹實際的情形。古代的多位明君，究竟是根據哪種治理之道來治理國家，你可以告訴寡人嗎？」

由余：「臣曾聽說，節儉得國，奢侈失國。」

秦穆公：「寡人不恥下問，向你請教『治理之道』，你卻用節儉來回答寡人，這是什麼道理？」

由余：「臣曾經聽聞，以前堯治理天下時，不論吃飯或飲水，都是使用粗製的陶器。他的領土南面至交趾，北面至幽都，東西面至日月升落的地方，所有人都臣服於堯。

「堯禪位，由舜治理天下之後，重新製作所有食器。首先，他從山中砍伐樹木作為材料，用刨刀或鋸子塑造出形狀後，接著塗上漆和墨，最後再送進宮裡當成食器。諸侯們看到之後，認為舜比堯還要奢侈，因而出現了十三個不臣服於舜的人。

「舜禪位後，由禹繼承天子之位，禹繼位後，重新製作了祭器。祭器的外側漆成黑色，內側塗成紅色，並使用絹製的褥墊，褥墊的邊緣有美麗花邊，甚至連杯勺和酒器都加上了花紋裝飾。變得更加奢侈了。結果，不臣服於禹的諸侯多達三十三個人。

「時代變遷，夏朝滅亡，商朝興起。君主乘坐的車裝飾有九旒天子旗，甚為豪華，食器都經過雕琢，酒器更鑲上黃金，牆壁都加以塗飾，褥墊也加上了花紋。也就是變得越發奢侈了。因此，不服統治的諸侯攀升到五十三個人之多。

「就像這樣，隨著繼位者的奢侈，臣服於君主的人也就變得越來越少。因此，臣才會說，節儉正是陛下所尋求的『治理之道』。」

以儉得之，以奢（色）失之

由余退下後，秦穆公馬上召見廖內史。

秦穆公：「寡人聽說鄰國有聖人，是危害我國的憂患。由余肯定就是那個聖人，寡人甚為擔憂，你有沒有什麼好對策？」

廖內史：「聽說戎王統治的地方相當窮僻遙遠，至今仍未聽過中原的優美音樂。不妨贈送女子歌伎給戎王，如此一來，戎王便無心治理國政。「至於由余，就盡可能延長他的滯留期間，使他無法向戎王諫言。只要使他們君臣產生隔閡，自然就能成為我們的囊中物。」

秦穆公：「原來如此。」

秦穆公同意採用廖內史的計策，於是馬上命令廖內史編列十六名女樂，將其送給戎王，同時，藉機提出希望讓由余在秦國多停留一段時間的請求。戎王同意了秦穆公的請求。

獲贈女樂的戎王十分欣喜，被女樂們迷得神顛倒，終日擺設酒宴、欣賞歌舞；更完全不遷徙、擴大游牧範圍。就這麼持續了一年之久，最後，沒有牧草可吃的牛馬紛紛餓倒，死了一大半。

回國的由余馬上向戎王諫言。但是，戎王不願聽從。徹底死心的由余離開了戎國，轉而投靠秦國。

秦穆公迎接失意的由余，立他為大臣，甚至從他的口中打聽出戎國的兵力情況和地形，率兵攻打戎國。就這樣，秦國攻占了戎國所統治的十二個部落和一千里的土地。

這就是所謂的「沉迷女子歌舞、罔顧國政，是亡國的禍害。」

> 耽於女樂，不顧國政，則亡國之禍也。——〈十過〉

▼作者解說

韓非所說的「耽於女樂」不見得是貪戀女色，廣義來說，也可以解讀為過度沉迷於個人愛好或是興趣。一般而言，有愛好或興趣是好事，否則人生哪有意義可言？然而，主管或領導者這些負有責任地位的人，就應該對此要有所克制。

宋朝知名的宰相范仲淹，其座右銘是「先憂後樂」，也就是「先天下之憂而憂，後天下之樂而樂」。對主管或領導者來說，這或許最理想的心態。如果主管沉溺於玩樂，企業組織的未來將陷入一片黑暗。

7 遠距離遙控？主管沒有資格

何謂「離內遠遊」？若換成現代白話文，就是「離開國都（自己的主場），到遠方玩樂」的意思。

以前，齊國的掌權者田成子到遙遠的海邊遊玩，他非常喜歡那裡。於是，田成子召集所有家臣，再三囑咐：「聽著！如果有人敢開口勸寡人回國，就處以死刑。」

名為顏涿聚的重臣提出異議：「在海邊遊玩，固然開心，但萬一國內有人圖謀篡國，該如何是好？陛下就再也沒有快樂可言了。」

田成子一聽，怒不可抑：「寡人說過，勸寡人回國者，就要處以死刑。你已經違背寡人的命令了。」

田成子高舉長戈，欲砍殺顏涿聚。這時，顏涿聚開口說：「以前，夏桀殺了重臣關龍逢，商紂殺了王子比干。如果陛下希望臣與他們並列為遭暴君斬殺的三位忠臣，那麼，陛下儘管拿走臣的項上人頭。臣之所以向陛下勸諫，為的是國家社稷，而不是自身的性命。」

顏涿聚伸長脖子，走向田成子說：「請陛下動手吧！」

田成子便丟下手中的長戈，馬上命人安排馬車，踏上歸國之路。

部屬的諫言，你要聽

回國三天後，田成子才知道曾有人企圖阻止他返回國都。自己之所以能保有齊國的實權地位，完全得歸功於顏涿聚賭上自身性命的諫言。

換成現代社會的管理情境也一樣，有能力的主管絕對不會為了個人私欲，而輕易離開自己的主場，否則要是在自己不在的這段期間，發生什麼不可挽回的變化，那可就得不償失了。

這就是所謂「拋下國家到遠方玩樂、不聽諫言，使自己深陷險境。」

離內遠遊，則危身之道也。——〈十過〉

▼作者解說

韓非曾說，沉默監視是組織統治的最理想方法，但是，若要實現這個方法，主管就應該在總部穩定軍心。如果讓總部唱空城計，主管掌控、支配大局的力量就會減弱，同時，組織的緊張感也會消失。身先士卒或陣前指揮或許能提高聲望，不過，那種事情交給部屬去做就夠了。主管終究還是該在大後方坐鎮指揮，監視、掌控大局。

8 忠誠的人才，不會討你歡心

何謂「過而不聽於忠臣」？若換成現代白話文，就是「犯錯又不聽忠臣意見」的意思。

以前，齊桓公號令諸侯，統一天下，成為「春秋五霸」（編按：一說為齊桓公、宋襄公、晉文公、楚莊王、秦穆公；也有人主張是齊桓公、晉文公、楚莊王、吳王闔閭、越王勾踐）之首。不過，這一切都得歸功於宰相管仲一直在旁輔佐。

日後，管仲年邁，不能協辦國政時，便在家中休養。某天，齊桓公前去探視管仲。

齊桓公：「身體如何？寡人一直很擔心，如果你有任何不幸，無法再重返朝廷，之後的國政該交給誰才好？」

管仲：「臣已經老病昏聵，經不起問事了。然而，正所謂『了解臣子的莫過於君主，了解兒子的莫過於父親』（編按：原文為「知臣莫若君，知子莫若父」）。如果陛下心中已有所選，願聞其詳。」

誰是好的領導主？

齊桓公：「鮑叔牙怎麼樣？」（鮑叔牙是推薦管仲的人）

管仲：「不妥。鮑叔牙為人剛強固執、行事猛厲。剛強，會以暴力侵擾百姓；固執，難以得到民心；猛厲，百姓便不願任由驅使。這種欠缺戒慎恐懼的人，無法成為霸主的好幫手。」

齊桓公：「那麼，豎刁如何？」

管仲：「不妥。愛惜身體乃人之常情。豎刁他得知陛下善妒且偏好女色，便自行去勢，成了後宮的宦官。您想想看，他連自己的身體都不愛惜，又豈會忠愛君主？」

齊桓公：「那麼，衛國的公子開方怎麼樣？」

管仲：「不妥。從齊國到衛國不過十日的路程，開方卻為了討陛下的歡心，整整十五年都沒回去探望他的父母。這不合人之常情。連父母都能捨棄不顧的人，能夠重視君主嗎？」

齊桓公：「那麼，易牙怎麼樣？」

管仲：「不妥。易牙執掌陛下的膳食，為了讓吃過山珍海味的您嚐鮮，他想到您未曾吃過人肉，便把自己的長男蒸煮進獻給陛下。這件事陛下應該仍記憶猶新吧？正所謂虎毒不食子。易牙竟能蒸煮自己的兒子，供陛下品嚐。這種連自己的兒子都能捨棄的男人，又怎麼可能敬愛君主？」

齊桓公：「那麼，到底找誰比較適合？」

管仲：「隰朋應該可以。隰朋是個意志堅貞、行為廉正、少有私欲且守信重義的人。心地堅貞就可以表率群倫；行為廉正就可以委以重任；少有私欲就能駕馭部屬；此外，守信重義的話，就不需要擔心他與鄰國發生糾紛。就霸主的得力幫手而言，他是個相當適合的人選。請陛下務必任用他。」

齊桓公：「好，寡人知道了。」

一年後，管仲辭世。可是，齊桓公任用的新任宰相並非隰朋，而是豎刁。

豎刁執掌國政三年後，齊桓公碰巧外出到南方的堂阜遊玩。豎刁趁齊桓公外出的時候，率領易牙、開方及其他重臣起兵造反。

齊桓公返回國都後立即遭到逮捕，被囚禁在南門附近的寢殿內，承受飢渴之苦而死。屍體就這麼被放置在寢殿內三個月之久，直至屍體上布滿的蛆蟲，數量多到爬出寢殿之外。

最討你歡心的，通常不適任

齊桓公曾是個威震天下的霸主，最後卻慘遭臣子所害，不僅敗壞了自己的名聲，更成為天下人恥笑的笑柄。這是為什麼？因為他沒能虛心採納賢臣管仲的忠諫。

這就是所謂的「犯錯不聽勸諫，是喪失好名聲並被人恥笑的開端。」

過而不聽於忠臣，獨行其意，則滅其高名為人笑之始也。——〈十過〉

▼作者解說

孔子說過：「有過錯卻不改正，那就是真正的過錯。」（編按：原文為「過而不改，是謂過矣。」）人非聖賢，任何人都有犯錯的時候。問題在於你如何處理、面對過錯。犯錯的時候，最麻煩的是下列兩點：

一、犯了錯，卻毫無自覺。

二、即使察覺自己犯錯，仍不知改進。

以主管的情況來說，這若發生上述兩種問題，便會帶來更嚴重的負面結果。而能夠協助自己彌補過錯的，除了身邊的助手，別無其他。君主之所以需要出色的臣子（即主管需要得力的左右手），正是基於這個理由。然而，即使身邊已有出色、敢言的人才，領導者卻不知重用的話，終將一事無成。

齊桓公就是失敗在這裡。是否能有效利用助手，就在於主管的氣度是否寬闊；如何僱用出色的助手，同時讓助手發揮最大才能，也是帝王學的基本功。

9

想靠策略聯盟，沒有掂量自身實力

什麼叫「內不量力，外恃諸侯」？《韓非子》中曾記載了以下故事：

以前，秦國攻打韓國的封地宜陽。在韓國形勢陷入危急時，宰相公仲朋向韓襄王進言：「同盟國不值得信賴。透過張儀向秦國尋求議和，才是上上之策。臣建議送一座大城給秦國，再和秦國聯盟，合力攻打南面的楚國。如此，就能把秦國的威脅轉嫁給楚國，我國就能安泰。」

韓襄王馬上派遣公仲朋前往秦國，與秦國議和。楚懷王聽到這個消息後，十分恐懼。連忙召見外交使者陳軫。

楚懷王：「韓國的公仲朋打算和秦國議和結盟。你有沒有什麼好對策？」

陳軫：「秦國得到領土、和韓國聯盟後，會率領精銳部隊，與韓國共同攻打我國。這正是秦王長久以來的野心，我國自然無法安然度過。

臣的對策是，盡快選一位可靠的使臣，命他以使者的身分前往韓國。讓他多帶些車輛和厚禮進獻給韓國，並告訴韓國的君主：『楚國雖小，但早已號令全國軍隊，準備援助貴國。希望貴國盡量強硬，不要屈意求和。請務必派遣使者前來看看敝國動員的軍隊』。」

別把未來寄託在不該指望的事物上

之後，韓國果真派了使者到楚國，楚懷王事先安排戰車和精騎，排列在道路兩旁，並說：「請回去轉告韓王。敝國的軍隊現在正朝貴國的國境進擊。」

韓國的使者回國後，照著楚王的話如實稟報。韓襄王非常欣喜，便讓預備前往秦國議和的公仲朋暫緩計畫。公仲朋相當反對：「此舉萬萬不可。秦國攻打我國是當前的事實，而楚國答應援助我們，只不過是片面之詞。若是聽信楚國的口頭承諾、忽視強秦的威脅，將會導致國家滅亡。」

可是，韓襄王不願聽從。公仲朋憤怒的返回家中，整整十天都沒有上朝。這段期間，宜陽的形勢變得更加危急。韓襄王派使者前往楚國，催促盡快派兵救援。然而，儘管使者一個接一個的前往楚國，但楚國的救兵還是沒有出現。最後，宜陽終於淪陷，韓襄王成了各國諸侯的笑柄。

這就是所謂的「不懂得自我壯大、老是倚靠他人，國家因此削弱。」

內不量力，外恃諸侯者，則國削之患也。——〈十過〉

▼作者解說

小國很難靠自己獨立生存。若想要在強國環伺的情況下倖存，就必須和小國結盟，或躲在大國的羽翼下，以「合縱連橫」為訴求，和其他國家齊力抵抗外侮，世界上任何國家的外交史都是這樣發展。

然而，躲在大國的羽翼下不見得就能高枕無憂。因為大國追求的，終究是自身的利益。偏偏人在面臨緊要關頭時，往往會忘記這麼單純的事。總而言之，**和其他國家聯手並非壞事，但在那之前，絕對要仔細掂量自己的實力有多少。**

10 認為自己很大，糟蹋人（有嗎？）

何謂「國小無禮，不用諫臣」？若換成現代白話文，意思就是「明明沒什麼權勢卻又待人無禮，自己犯錯卻不聽臣子建言」。

以前，晉國的公子重耳流亡在外，經過曹國時，曹共公聽說重耳擁有駢脅（編按：肋骨密排相連，宛如一塊完整的骨頭），心想機會難得，便刻意讓他脫去上衣，想親眼確認一番。

釐負羈和叔瞻兩位臣子在旁事奉，叔瞻出面勸諫曹共公：「在我看來，晉國公子並不是尋常人物。陛下這樣的要求有失禮數。萬一晉國公子有幸回國成為君王，而後發兵報復的話，遭殃的恐將是我國。不如趁現在殺了他吧！」

可是，曹共公不願聽從。釐負羈則是回家後便悶悶不樂。妻子察覺到他神情有異，便問：「你怎麼回來後就不太開心？發生什麼事嗎？」

待人無禮者，無人禮遇之

釐負羈：「人家說『有福輪不到，禍來牽連我』，我現在就是這樣的情況。今天陛下召見晉國公子，待他相當無禮。我當時也在一旁，所以相當憂心，不知道哪天會不會遭到報復。」

妻子：「晉國公子（即重耳）怎麼說都是個大國的王儲，而隨侍在側的人，應該都是大國的重臣。雖說他**現在落難逃亡，也未必沒有東山再起的一天**，現在曹國待他如此失禮，一旦他回國做上君主，肯定不會善罷干休的。曹國肯定是第一個遭到報復的對象。不如你先趁現在，和晉國公子交好吧！」

釐負羈：「沒錯，妳說得對！」

釐負羈立刻在那天夜裡，將黃金放進壺裡，再用食物把壺裝滿，接著再奉上一塊玉璧，差人將壺送去給重耳。重耳接見使者後，很有禮貌的接受食物，不過，卻謝絕收下玉璧。

終於，重耳從曹國去到楚國，又從楚國去了秦國。

重耳在秦國住了三年後，某天秦穆公召集群臣：「過去，晉獻公與寡人友好，天下無人不知。如今，晉獻公不幸辭世已有十年之久，但繼位的君主卻不是個明君。寡人憂心，再這麼下去，恐怕晉國的宗廟就要荒廢、社稷將會毀滅。若是坐視不理，有違寡人與晉獻公的交情。寡人想幫助重耳返回晉國，助他登上王位，你們覺得怎麼樣？」

群臣沒有異議。於是，秦穆公備了五百輛戰車、兩千精騎和五萬步兵，把重耳送回晉國，助他登上王位。

重耳登基三年後，率兵攻打曹國。他派人告訴曹共公：「把叔瞻吊掛在城壁上，他犯下大罪，該處以極刑。」

接著，他又暗中派人告訴釐負羈：「晉國的軍隊已逼近城下。寡人不會忘記你當初的善意。我希望你在居住的城鎮入口做個標記。我會據此下達命令，絕對不會讓軍隊踏進半步。」

這件事傳開之後，曹國人紛紛攜家帶眷，跑到釐負羈居住的城鎮尋求保護。大大小小約有七百戶之多，這就是行事有禮的好報。

曹國是個小國，又夾在晉、楚兩個大國之間。因此，曹國的君主地位原本就岌岌可危。偏偏曹國又對他國無禮，當然就得面臨亡國絕後的下場。換句話說，待人無禮者，自然無人禮遇之。

這就是所謂的「毫無權勢卻又無禮、不聽勸告，終將亡國絕後。」

國小無禮，不用諫臣，則絕世之勢也。——〈十過〉

▼作者解說

行事得宜、注重禮儀，這是擁有融洽人際關係的基本原則。孔子曾說「惡勇而無禮者」，意思就是說，勇猛卻無禮，不過只是個粗暴者罷了，這樣的人當然不受喜愛。

然而，如果只是不受喜愛，還不算是太壞；不把人當人看待的**粗暴行為，往往會招致對方的怨恨，而且，本人往往一無所覺**。一旦引人怨恨，自然會有反遭報復的一天。為人主管如果沒能先領悟這番做人的道理，便會永遠活在憂患當中。

第五章

領導者如何「伺候」上位者

1 如何說服主管，讓他照你的意思行動？

《韓非子》一書中有段非常有名的篇章——〈說難〉。說難的意思，顧名思義就是「遊說的困難之處」。

那麼，遊說到底難在哪裡？不是難在知識不夠淵博，不足以遊說對方；也不是難在口才不佳、不善於辯論，無法充分表達自己的意見；更不是難在不夠勇敢，無法一字不漏的將自己想表達的傳達給對方。遊說的難處在於**解讀對方的心理**，自己的說法**是否能夠迎合對方**，才是關鍵所在。

凡說之難：非吾知之，有以說之之難也；又非吾辯之，能明吾意之難也；又非吾敢橫失，而能盡之難也。凡說之難，在知所說之心，可以吾說當之。——〈說難〉

說服前，先聽懂對方的心態

假如對方是個追求崇高名譽的人，你若是採用利益作為遊說手段，對方就會認為你是個毫無志節、品德低下的人，進而鄙視、疏遠你。相反的，當對方是個一味的貪圖利益的人時，如果你用名聲來遊說對方，他肯定會認為你是個死腦筋、不切實際的笨蛋，而絲毫不把你放在眼裡。

如果對方是個表面追求名譽，實際上卻只看利益的人，這時候如果你跟他談名聲，他會**表面佯裝聽從，實際上卻疏遠你**。反之，若跟他談贏得利益的方法，他會在暗地裡採納你的意見，實際上卻表面清高，裝出一副不屑的模樣。

以上各種微妙之處，遊說者都必須銘記在心。

▼作者解說

現代社會距離韓非當時的年代已相當遙遠，向君主（主管）提出意見的情境，自然也有些許不同之處。當時，臣子不論是進言或是諫言，一旦稍有差池、不慎惹怒君主的話，就可能當場人頭落地，完全是真槍實彈的勝負之爭。

韓非強調，遊説成功的關鍵就是解讀對方的心。實際上，在比韓非更早的時期，有個名為蘇秦的説客。他在年輕時學習遊説術，然後周遊各國、四處遊説，卻毫無成果。於是，蘇秦在痛定思痛後，便開始埋首鑽研數十本書籍，最後終於悟出了「揣摩之術」。

所謂揣摩，其實就是一種讀心術。明白這層道理之後，蘇秦再次展開遊説之旅，並接二連三的取得成功了。從蘇秦的案例可以清楚了解，能否解讀出對方的心理，正是遊説能否奏效的關鍵。

不要違背對方心態

那麼，遊説的要領是什麼？

遊說的要領，**在於美化對方引以為傲的事、掩飾他自慚形穢的弱點**。這是遊說者必須預先了解的訣竅。對方若是擔憂遭人譴責為自私自利，就先幫他找出合乎公義的理由、讓他產生自信。

對方若是擔憂自己行為卑劣而不願去做，就直截了當的告訴他，這麼做十分有意義、完全不需要擔心。

對方若懷有崇高理想，實際上卻無法做到，你就明確指出那個理想其實有很大的缺失，並規勸對方不要實施（目前這樣）會比較好。對方想賣弄自己的聰明才智，你就不動聲色的列舉類似案例供對方參考，使他下意識的從你的例子中借用說法（你則佯裝不知情），藉此讓對方彰顯自己的聰明才智。

勸諫君主與他國和平共存時，就積極主張那正是人們最嚮往的境界，並暗示該做法對君主個人也有利益可圖。欲阻止對方停止危險作為時，就明確指出問題點，並暗示此做法對君主個人將造成危害。要讚揚對方的時候，就引用與其他人相同的案例；進言勸諫的時候，就引用有共通點的其他案例。

對方遭人譴責寡廉鮮恥時，就列舉相同案例，勸他不要放在心上；當他因失敗而痛心時，同樣列舉相同案例，告訴對方責任不在於你，放寬心即可。

對方以自己的能力為傲時，不要挑剔他的能力、或是刻意潑他冷水；對方因自己的決斷果敢而沾沾自喜時，不要用他過去的錯誤斷來激怒他；對方自認為自己深謀遠慮時，不要用他曾經失敗的謀略使他困窘。

就像這樣，**一邊觀察對方的意圖；一邊表達自己的想法**、避開可能牴觸對方心意的說法，然後盡可能的發揮自己的智慧和辯才。如此一來，就能使對方卸下防備心、敞開心胸、暢所欲言。

以前，伊尹（編按：商朝初年著名丞相、政治家，是中華廚祖）之所以當廚師，百里奚（編按：春秋時代秦國著名政治家）之所以成為俘虜，都是為了取得君主信任。這兩個人都是能力相當出色的人物，儘管如此，他們還是不得不藉由卑賤的身分，來取得君主信任。

但話又說回來，如果配合對方，稍微卑躬屈膝，就可以使諫言被採納、進而拯救百姓，那麼，就沒有什麼好可恥的。

隨著相處的時間漸長，你自然能夠贏得君主更深厚的信任，如此一來，即便參與密謀也不會遭到懷疑、直言不諱也不會受罰。如此，你就能更清楚的指出利弊，使君主成就功業；更直接的指出是非，提高君主的品德。只要能讓彼此維持對等關係，那麼，你就等於達到成功遊說的標準了。

夫曠日離久，而周澤既渥，深計而不疑，引爭而不罪，則明割利害以致其功，直指是非以飾其身，以此相持，此說之成也。——〈說難〉

▼作者解說

上述這段故事，說穿了就是要大家學會如何拍馬屁、阿諛奉承。韓非想表達的，就是不要牴觸對方的心意。為什麼？當然是為了贏得對方的信任。如果對方不相信自己，不論你說什麼，他都不會聽信。換句話說，若要讓遊說成功，就必須取得對方足夠的信任。因此這些看起來像是拍馬屁的做法，其實都是贏得對方信任的重要手段。

有些善意行為會害你陷入險境

若要讓計畫成功，就必須行事低調、隱密，一旦敗露心跡，就會導致失敗。就算並非存心洩漏，在言談間不慎觸及，仍可能危害到自己。

有很多時候，對方表面上正在做著某件事，事實上暗地裡卻在策劃些什麼。遇到這種情況時，你只知道檯面上的事，自然就能平安無事，如果連背後的意圖都知曉，就可能招來橫禍。又倘若自己的獻策順利被採用，卻被外人猜測出內情並對外洩漏，你就會因此遭到懷疑，並陷於危難。

明明**對方對自己還沒有足夠的信任**，**卻將一切想法全盤托出**。這種時候，就算意見被採用且獲得成功，功績也不會是自己的；相反的，如果失敗，反而會遭到懷疑，讓自己陷入危險。

上位者犯了過錯。如果引用禮法、道義加以批判，就會讓自己陷入危機；

上位者奪取部屬的計畫，欲將其當成自己的功績時，如果知道事情原委，自己就會身陷危險。此外，強迫對方做他能力無法勝任的事情，或是勸阻對方放棄他不願罷手的事情，都會招來禍殃。

和君主談話時，如果議論舉足輕重的大臣，會被認為是在挑撥君臣關係；若是議論微不足道的小臣，則會被懷疑是否收了什麼好處。議論君王所寵愛的人，會被懷疑想趨附權貴；若議論君王所討厭的人，則會被懷疑想試探君主對自己的看法，進而產生戒心。

說話簡略，上頭可能會視你為蠢材而不願理睬；說話滔滔不絕、引經據典，又會被當成狂妄自大、自負的人，被嫌棄囉嗦。如果簡單陳述意見，就會被認為膽小怕事，很難受到支持；若是暢所欲言，又會被當成不懂禮數的粗人，並遭受輕視。

以上就是遊說的難處所在，各位務必銘記在心。

周澤未渥也，而語極知，說行而有功則德忘，說不行而有敗則見疑，如此者身危。——〈說難〉

▼作者解說

直言不諱本身不是壞事，問題出在自己的動機為何，以及對方如何看待你的建言。此處韓非指出的問題相當中肯，並把各種最糟的情況清楚的分析出來。只要將這些禁忌謹記在心，各位在應對自己的主管時，就可避免失敗。

越是了解對方心態，越要謹慎說話

以前，鄭武公欲討伐胡國，於是先把自己的女兒許配給胡王，藉由姻親關係與胡國交好，然後再召集群臣商議。

鄭武公：「寡人欲拓展國家領土，眾卿認為該攻打哪一國？」名為關其思的重臣回答：「胡國應該可以。」

鄭武公：「胡國乃兄弟之邦，要寡人攻打胡國，你居心何在？」

鄭武公大發雷霆，殺了關其思。胡國的君主聽聞此事，便覺得安心，完全卸下警戒心防。結果，鄭國不費吹灰之力就攻下胡國。

還有另一個故事。宋國有個富有人家，大雨沖毀了圍牆。於是，富人的兒子說：「如果不趕快修理，就會引來小偷。」

鄰居的屋主見狀，也說了相同的話。

當晚，小偷果然闖進屋裡，把家裡搜刮一空。這位有錢的人家一方面稱讚自己的兒子聰明，同時又懷疑鄰居屋主可能就是犯人，只因為對方與兒子說出同樣的話。

不論是第一個故事的關其思也好，還是後一個故事的鄰居也罷，他們所說的話同樣都一針見血。然而，下場不是被斬殺，就是遭受猜疑。總而言之，**認清事物並不難，真正的難處在於，知道之後該如何處置、應對。**

進行遊說的時候，各位也必須將這點謹記在心。

則非知之難也，處知則難也。——〈說難〉

▼作者解說

在做出任何發言之前，都應該充分考量自己的立場和上位者的情況（或全公司的利益為何），否則就算你的建言再怎麼正確也沒有用，不僅不會被接納，更會危害到自己。換句話說，勸諫主管時，千萬不能忘記自己是否政治正確，也須預先了解公司內部的「風向」為何。

先了解對方對我的看法，以免自踩地雷

以前，有位名為彌子瑕的少年，深受衛靈公的寵愛。

衛國的法律規定，凡是未經許可，私自乘駕君主的馬車，就必須處以斷足之刑。某天，彌子瑕的母親生病，得知消息後，他便假冒衛靈公的名義，私自乘駕馬車，回家探視母親。

聽聞此事後，別說是處罰，衛靈公反而還誇讚他的孝行：「真是個孝子！思親之情居然讓他忘了斷足之刑。」

某天，彌子瑕陪衛靈公一起遊果園。彌子瑕摘了顆桃子吃，覺得香甜可口，就把吃剩的一半拿給衛靈公吃。衛靈公說：「這孩子吃東西還會想到我，真是太感人了，居然捨不得把美味的桃子吃光，特地留了一半給我。」

可是，隨著彌子瑕的年長色衰，衛靈公對他的寵愛也逐漸消退。最後，衛靈公甚至重提往事，對彌子瑕施以重罰：「彌子瑕曾假借我的名義，私自駕用我的馬車、還曾經讓我吃他吃剩的桃子。真是可惡至極！」

彌子瑕做過的事情已是既定事實，但過去的稱讚卻在之後成了天大的罪過，這是為什麼呢？因為衛靈公對他的愛憎產生了變化。

也就是說，當一個人深受對方喜愛時，不論說什麼、做什麼，都可以被容忍、接納；相反的，當對方開始厭惡自己時，不論你怎麼做、做得再多，都不會得到認同，反而會更被疏離。因此，必須**先了解對方對自己的看法如何，再來決定是否遊說**。

據說龍這種動物，只要加以馴服，就會變得乖順，足以讓人騎乘。但是，龍的喉嚨下方有直徑一尺左右的逆鱗，若是不慎觸碰，肯定會被龍生吞活剝。

君主（主管）也一樣，同樣也有逆鱗（或說地雷）。只要不去碰觸、通常都不會出什麼亂子，這也是遊說的最高境界。

有愛於主則智當而加親，有憎於主則智不當見罪而加疏。——〈說難〉

▼**作者解說**

這個故事就是成語「批其逆鱗」的由來，每個人都有如同逆鱗般的地雷。如果真的非得觸碰不可，就得先做好遭到反撲、報復的心理準備。如果對方是個位高權重的人，那麼他的反撲將會更加強烈、可怕，在大老闆底下做事不可不慎。

以上就是韓非在〈說難〉陳述的遊說祕訣，我將重點彙整如下：

一、不要違背對方心意。
二、遊說前務必取得對方信任。
三、越是了解對方狀況，越要謹慎說話。
四、千萬別踩對方地雷。

由此看來，只有在向上溝通已經成功建立之後，才能使用向下溝通。但這並不表示主管不再需要說清楚、講明白；身為部屬，必須努力學習如何說話與進言；而身為主管，則要盡力學習如何傾聽與回應，這兩者都是過去公司在員工溝通訓練上被忽視的。

特別是訓練部屬如何有效向上溝通、建言，才是解決組織溝通問題的根本之一。

2 事奉上位者該有的心理素質

宋國的子圉（編按：圉音同羽）將孔子引見給宋國的宰相。孔子離開後，子圉去拜訪宰相，問他對孔子的印象。宰相說：「見過孔子之後，你在我眼中就如同蚤蝨般的渺小，我一定要把他引薦給陛下。」

子圉害怕孔子受到重用後，自己會失去君主的寵愛。於是他說：「陛下見過孔子之後，在陛下眼中，或許你也會如同蚤蝨般的渺小。」因此，宰相便打消引薦孔子的想法。

> 子圉恐孔子貴於君也，因謂太宰曰：「君已見孔子，亦將視子猶蚤蝨也。」太宰因弗復見也。——〈說林上〉

大家都糊塗只有我清楚？那我就麻煩大了

殷紂王夜夜醉酒狂歡到天明，玩樂過度以致於連日子都分不清楚。紂王向左右侍從詢問，也沒有人知道。於是紂王便派侍從去問重臣箕子。

箕子對他的侍從說：「紂王身為天下之主，居然連日子都記不清楚。這是天下要發生禍亂的徵兆。若是所有人都忘了日子，只有我一個人記得，那就是將有禍事發生在我身上。」

眼見侍從答不出話來，箕子接著說：「你去轉告來人，就說我也醉了，也記不清了。」

箕子謂其徒曰：「為天下主而一國皆失日，天下其危矣。一國皆不知而我獨知之，吾其危矣。」辭以醉而不知。——〈說林上〉

對信念堅忍不拔但不強出頭

由此看來，凡事都必須順應而為。中國自古就有「進不敢為前，退不敢為後」的思想。意思是前進時不敢在前面，後退時不敢居於後，**藏在隊伍中央才能明哲保身**。如果站在最前面，便很容易被當成目標、遭受狙擊；若是走在隊伍的最後，就會成為批判的對象。

▼作者解說

中國人強調「中庸之道」，基於這個觀點，人們認為隊伍中央的位置比較安全。凡事堅忍不拔、但遇事不強出頭，可說是在亂世中倖存的智慧，這和韓非「順應而為」的觀念完全相同。

受重用更要慎防那些想把你拉下來的人

說客陳軫曾受魏王重用，陳軫的朋友惠子，給了他這樣的忠告：

「你**必須試著團結魏王周圍的臣僚們**。就拿楊樹來說，不論是橫著種植、倒著種植，甚至是折斷後再種植，它都可以生長並存活。但就算有十個人同時種植楊樹，只要有一個人去毀壞它，就沒有任何一棵楊樹可以存活。

「即便靠十個人的力量種植這麼容易存活的楊樹，仍經不起一個人的毀壞，原因在哪裡？因為種樹困難，毀樹卻容易。雖然你善於樹立自己的威信、取得魏王的信任，可是，周圍想拔除你的人也不少。稍有不慎，你就隨時可能被拉下來。」

> 以十人之眾，樹易生之物，而不勝一人者何也？樹之難而去之易也。子雖工自樹於王，而欲去子者眾，子必危矣。——〈說林上〉

太過聰明會引起上司戒心

從前，齊國的重臣隰斯彌，謁見住在隔壁宅邸的實權者田成子。田成子帶他來到高臺，觀賞四面遠眺的美景。三面的視野都很空曠，唯獨南面的視野被隰斯彌家中栽種的樹木遮蔽，無法順利看見景緻。

雖然田成子沒說什麼，不過，隰斯彌回家後，便馬上命人把樹砍掉。然而，斧頭才砍了兩、三下，隰斯彌便立刻反悔，要管家住手。

管家詫異：「您剛剛說要砍，怎麼現在又不砍了?這究竟是怎麼回事?」

隰斯彌回答：「古人說『察見淵魚者不祥』（編按：意指窺知別人隱私者會有橫禍）。田成子從之前便一直在籌謀各項大事。如果讓他發現我能洞悉一切，必定會惹禍上身。樹不砍不會被判罪，但如果連他沒說出口的事，我都能清楚解讀的話，就不知道他會治我何種罪了。」

於是隰斯彌便放棄砍樹。

古者有諺曰：知淵中之魚者不祥。夫田子將有大事，而我示之知微，我必危矣。不伐樹未有罪也，知人之所不言，其罪大矣。——〈說林上〉

▼作者解說

韓非曾說「處知則難也」（見第一九九頁）。各位如果希望在位高權重者的身邊明哲保身，就必須在**洞悉上意之後，適時隱藏起自己的聰明**，這也是亂世所流傳下來的智慧。

愛聽讒言的領導者的話不能信

趙國有位名為魯丹的說客，曾三次謁見中山國的君主，偏偏這位君主就是不願意接納他的建言。因此，魯丹花了五十兩黃金去討好君主身邊的隨從，才有機會再次謁見君主。這次魯丹連話都還沒說出口，君主便賜給他酒食。

魯丹離開後，沒有返回住處，而是直接離開中山國。

駕車的人不解：「這次君主已經開始禮遇你，為什麼反而要離開呢？」

魯丹回答：「陛下是個盲信旁人言論、輕易改變態度的人。他這次因為旁人的勸告而願意見我，下次肯定又會因為別的言論而改變態度。」

果然，在魯丹還沒有出國境的時候，中山國的公子便毀謗、中傷他：「魯丹是趙國派來中山國的間諜。」

於是，中山國君主信以為真，將魯丹抓起來治罪。

> 夫以人言善我，必以人言罪我。——〈說林上〉

▼作者解說

若你的主管不論聽到何種言論，都能夠抱持定見，那就值得你忠心事奉。但上司若會因他人意見而態度反覆，就該早點劃清界線。

不論對方是誰，你都該以禮相待

衛國的將軍文子，曾親自拜會孔子的弟子曾子。曾子邀請文子入座，卻從頭到尾都端坐在自己的座位上，完全沒有起身接待。

之後，文子對自己的車夫說：「曾子實在稱不上是個聰明人。如果他把我當成君子，就該用與君子相應的禮數來對待我；相反的，他如果當我是個殘暴之人，更應該畏懼我是個殘暴之人，對我以禮相待，而不是把我當成蠢材。我看他這麼不長眼，或許哪天會死得很慘吧。」（編按：曾子拒絕做官，以辦學為終生事業。）

以我為君子也，君子安可毋敬也？以我為暴人也，暴人安可侮也？——〈說林下〉

解讀上意之外，同時解讀局勢變化

事奉殷紂王的崇侯和惡來，向來擅長迎合殷紂王，免遭誅殺，卻無法預測殷紂王會遭周武王所滅。

事奉殷紂王的比干、事奉吳王夫差的伍子胥，都知道自己事奉的君主將遭殺身之禍，卻從未察覺自己會陷入慘遭君主殺害的困境。

也就是說，崇侯和惡來雖能解讀君心，卻無法預測事態的變化；相對的，比干和伍子胥雖能掌握局勢變化，卻不懂得解讀君心。所謂的聖人，應該就是指兩者兼備之人。

「崇侯、惡來知心而不知事，比干、子胥知事而不知心。」聖人其備矣。——〈說林下〉

領導者身邊的紅人也得討好

宋國宰相位高權重，處事專斷。某天，季子準備謁見宋國君主。於是，梁子便給了他忠告：「謁見陛下時，務必要讓宰相一同在場。不然，就可能遭到懷疑猜忌，惹來殺身之禍。」

因此，季子在謁見宋國君王時，便刻意在宰相面前些，淨說些把權限委讓給宰相的奉承話。

上頭不聽勸，你得說個故事

齊國宰相靖郭君準備在薛地築城。得知此事的眾多門客相繼前來，勸他停止築城的計畫。靖郭君為此不堪其擾，便交代通報者：「聽著，之後若再有人前來勸諫，幫我全部擋下來。」

碰巧有個齊國男子請求謁見靖郭君：「我只說三個字就走。若是多說一個字，願受烹殺之刑。」靖郭君看他態度堅定，便同意接見他。

男子快步走到跟前，高聲大喊：「海、大、魚。」話一說完，他馬上轉身就走。

靖郭君見狀，大怒：「站住！過來把話講清楚。」

男子：「我可不敢隨便拿性命當兒戲！」

靖郭君：「無妨，你就說吧！」

男子：「宰相您知道海裡的大魚吧？因為魚的身體太大，所以無法用漁網捕撈、也釣不起來。即便是那樣的大魚，一旦離開了水域，就只能任由螻蟻啃食。齊國對宰相來說，就好比是水。只要擁有齊國，您就不需要在薛地築城。但若是離開齊國，即便薛地的城牆再高，仍然沒有什麼用處。」

靖郭君：「言之有理。」

於是，靖郭君便打消了在薛地築城的念頭。

▼作者解說

春秋戰國時代，說客或遊說之士相當活躍。他們是一群謁見各國君主或位高權重者，提出政策諫言的人，如果用現代的說法，大概就是類似企業管理顧問。

這個故事中出現的齊國男子，就是當時的說客或遊說之士。為了成功謁見上位者，說客必須奇招盡出、鑽研各種不同的遊說話術。這位齊國男子充滿機智的口才，就是種出乎意表的勸說方式。

說話直白令人討厭，自己受罪更殃及旁人

晉國的范文子向來對君主直言不諱。得知此事後，范文子的父親范武子，

便用手杖打他，並說：「直言不諱令人討厭；一旦被討厭，就會危及自身；若是危及自身，就不光只是危及你自己，就連你的父親也難保周全。」

夫直議者不為人所容，無所容則危身，非徒危身，又將危父。——〈外儲說左下〉

▼**作者解說**

孔子也常說，向君主諫言的時候，**比起直接指出過錯的「直諫」，迂迴勸進的「諷諫」才是上上之策**。這麼做才能避免災禍降臨到自己身上。

善用手段，看透上位者的想法再「直白」

孟嘗君擔任齊國宰相的時候，齊威王的夫人過世了。

當時，齊威王的後宮有十位側室，每一位都很受到齊威王的寵愛。孟嘗君想知道齊威王打算立哪位側室為夫人，卻苦無辦法。

如果孟嘗君主動舉薦某一側室，結果會如何？齊威王若採納他的建議自然是最好。但萬一弄巧成拙，猜錯了齊威王的心思，自己也會顏面盡失。因此，最好的做法是先打聽出齊威王心目中的人選，再來舉薦。

於是，孟嘗君命人用玉製作十副耳環，並且把其中一副做得格外精美，再一起進獻給齊威王，讓齊威王把耳環分送給十位側室。

隔天，孟嘗君只需要找出配戴精美耳環的那位側室，再將她舉薦給齊威王立為夫人即可。

▼作者解說

君主和宰相（即主管和部屬）之間，可謂每一步都是算計，必須審慎考量。宰相想贏得君主的信任很困難，但要失去對方的信任卻很簡單。若想維持難得建立起來的信任感，就更必須謹慎應對。

利用資訊操控上位者，使他做出有利決定

秦惠王在位期間，甘茂擔任宰相。然而，秦惠王其實更偏愛公孫衍，兩人私下聊天時，秦惠王做出承諾：「不管怎麼樣，寡人都會立你為宰相。」甘茂的手下偷聽到這番話，便偷偷告訴甘茂。甘茂馬上去謁見秦惠王。

甘茂：「聽聞陛下覓得賢相，恭喜陛下。」

秦惠王：「寡人把國政交付給你，又怎麼會另尋賢相呢？」

甘茂：「陛下不是準備任用公孫衍嗎？」

秦惠王：「是聽誰說的？」

甘茂：「是公孫衍告訴臣的。」

秦惠王誤信公孫衍洩漏祕密，大為震怒，就把公孫衍趕走了。

甘茂入見王，曰：「王得賢相，臣敢再拜賀。」王曰：「寡人託國於子，安更得賢相？」對曰：「將相犀首。」王曰：「子安聞之？」對曰：「犀首告臣。」王怒犀首之泄，乃逐之。——〈外儲說右上〉

▼作者解說

韓非曾說：「事情因嚴密謹慎而成功，因洩漏而失敗」（編按：原文為「事以密成，語以泄敗」）。這個故事便是一例。在組織內外，總會有等待機會、準備取而代之的人，若要避免自己無辜遭殃，就不能給他人有半點可乘之機。

第六章

看透澈的韓非，帶你讀人心

1 人心的微妙之處，這樣看

齊國內部曾發生嚴重的叛亂。當時，一位重臣慶封打算趁戰事尚未擴大之前，舉家逃往越國。與慶封同行的其他同族人說：「晉國明明比較近，我們為什麼不乾脆逃往晉國呢？」

慶封：「越國離齊國比較遠，對避難更有利。」

同族人並不同意：「如果人們可以改變荒淫作亂的心，就算身在晉國也不需要恐懼；但如果只是一味的想逃開、無視於眼前的叛亂，就算逃到越國這麼遠的地方，你仍舊無法徹底安心。」

變是心也，居晉而可。不變是心也，雖遠越，其可以安乎！——〈說林上〉

逃是好事，但……

只要懂得逃，就是件好事，這是你重新選擇的按鈕，代表你不斷在為人生採取行動。然而，**如果你的心中沒有想去的方向，那麼你怎麼逃都是沒用的。**

▼**作者解說**

緊急避難時，逃得遠一點會比較安全，有這種想法是人之常情。然而，最重要的還是人們內心是否平靜。你的心如果扭曲不安，那麼不論逃到哪裡都是一樣的。

不懂的事就要學，死要面子等於犯錯

齊國的管仲和隰朋，與齊桓公一起討伐孤竹國。齊軍於春天時出發，凱旋而歸時已是冬天，結果在歸國途中迷了路。

這時，管仲說：「我們不妨運用老馬的智慧吧。」於是管仲解開老馬的轡繩，讓牠帶領大軍行進。

另外，齊國在山中行軍，無水可喝的時候，隰朋說：「據說螞蟻夏天住在山的北面，冬天住在山的南面。只要有一寸高的蟻塚，蟻塚往下八尺深的地方就會有水。」於是軍隊便試著挖掘，果然有水湧出。

即便是管仲或隰朋這種睿智的人，碰到不明白的事物，仍不吝向老馬或螞蟻學習。然而，現代人明明愚昧，卻不願意向聖人學習，豈不是天大的錯誤？

以管仲之聖，而隰朋之智，至其所不知，不難師於老馬與蟻，今人不知以其愚心而師聖人之智，不亦過乎。——〈說林上〉

▼作者解說

孔子說：「知道就說知道，不知道就說不知道。這就是知的真諦。」（編按：原文為「知之為知之，不知為不知。是知也。」）因為不懂裝懂並不會讓你進步。

扮奸巧求上位，不如樸拙真誠容易

魯國有位名為孟孫的重臣外出狩獵，活捉了一隻幼鹿。孟孫命令臣子秦西巴將幼鹿帶回。沒想到，母鹿沿路在後頭緊追、不斷發出悲鳴聲。秦西巴聽了於心不忍，便把幼鹿放了。

返回宅邸後，孟孫要秦西巴把幼鹿帶來。秦西巴說：「我覺得幼鹿很可憐，所以就把牠給放了。」孟孫聽聞勃然大怒，便把秦西巴趕走。但三個月後，孟孫又把秦西巴找回來，要他擔任自己兒子的老師。

隨從不解：「您為什麼要把之前的罪臣，找回來當公子的老師呢？」

孟孫回答：「會對幼鹿起惻隱之心的人，肯定也會對孩子愛護有加。」

由此可見，比起奸巧狡詐，還不如當一個樸拙而真誠的人。

孟孫曰：「夫不忍麑，又且忍吾子乎？」故曰：「巧詐不如拙誠。」——〈說林上〉

看出老闆從一雙筷子開始的奢華

當殷紂王使用象牙製作筷子時，重臣箕子便暗自感到害怕，這是為什麼？

因為人們一旦用了象牙製的筷子，就再也無法使用陶瓷製的餐具盛裝食物，而改用與之相配的犀牛角或玉石來製作餐具。若習慣使用奢華的餐具，裡頭的料理也不再是豆子或菜葉等普通的菜餚，而會開始尋求旄象（編按：旄〔犛〕牛與大象）或豹胎之類的美味珍饈。一旦吃過那種珍奇之物，就很難再穿著粗布短衣、居住茅草房屋，而開始想穿錦衣華服、住進富麗堂皇的宮殿裡。

人心就像這樣，從一雙象牙筷子開始，不斷追求足以匹配的奢華之物，就算搜刮了天下財富，仍無法滿足。

真正優秀的人物只要看到些許徵兆，便能洞悉一切；光是從一些微小的線索，便能看出整件事的始末。就像箕子看到象牙筷子而害怕一樣，他早已預見到未來——就算擁有了全天下的財富，殷紂王也永遠不知足。

箕子見象箸以知天下之禍，故曰：「見小曰明。」——〈喻老〉

為人謙遜、不驕矜使你更有價值

名為楊子的學者到東方旅行，在宋國的旅館投宿過夜。當時有兩位賣春的女子前來搭訕，面貌較醜的女子要價較高，漂亮的那位價格較為便宜。

楊子問這是什麼緣故？旅館的主人回答：「美麗的那個，因自己的美貌而驕傲、待客態度傲慢，所以客人不喜歡她。如此一來，即便長得再漂亮，仍無利可圖。另一方面，醜陋的女子以親切的態度來彌補容貌的不足，反而討客人喜歡，儘管外貌醜陋，生意反而較好。」

楊子聽了這個故事後，跟他的弟子說：「才學兼備的人，只要為人謙遜、不驕矜，不管走到哪裡，都不會被人在背後議論。」

> 行賢而去自賢之心，焉往而不美。——〈說林上〉

▼**作者解說**

不誇耀自己，反而受人敬重。這不但是做人的基本道理，同時也是在亂世中倖存的處世智慧。

對反常事物絕不睜眼閉眼

魏國的思想家楊朱，有個叫楊布的弟弟。有一天，楊布穿著白色的衣服外出，不巧天下起雨。楊布深怕白衣弄髒，於是不得不換上黑衣服回家。然而，家裡養的狗認不出楊布，便對著他吠叫，憤怒的楊布作勢要打狗。

楊朱見狀，出聲制止他：「住手。今天如果換成你，應該也會做出一樣的事情吧？假如今天這隻狗外出的時候是白色，回來時卻成了黑色，你自己肯定也會覺得奇怪吧？」

楊朱曰：「子毋擊也，子亦猶是。曩者使女狗白而往，黑而來，子豈能毋怪哉！」——〈說林下〉

▼作者解說

不論是人還是狗，都會對可疑的事物產生質疑。換句話說，對任何事情都抱持懷疑，是深植於靈魂中的天性。質疑本該懷疑的事情，卻反而遭到譴責，相信不論是誰都無法忍受。

明辨虛實，別相信對方沒有把握的事

名為惠子的人物曾這麼說：「如果弓箭高手后羿穿著正規服裝，站穩腳步、拉開長弓射箭，即便是其他國家的陌生人，仍敢安心的為他舉靶（編按：舉起箭靶供射箭手射擊）。相反的，如果射箭者是毫無經驗的孩童，想必就算是孩子的母親，肯定會嚇得躲進屋裡，緊閉房門。

「也就是說，只要射箭者擁有像后羿那樣的真本事，即便是陌生人也會不疑有他、能安心的從事危險之舉，但如果對方的實力像個孩子一樣不確實，就算是再慈祥的母親，也會躲得遠遠的。」

▼作者解說

做人、做事都得腳踏實地，只要是確實、有把握的事情就能夠安心去做。想做到這一點，有賴能夠明確分辨確實與不確實的精準眼光，如果把不確實的事物誤判為事實，就會自取滅亡。

欲壑難填，世上無賺多少錢就夠的人

齊桓公問宰相管仲：「財富有限度嗎？」

管仲：「水的限度，就在沒有水的地方；財富的限度，則在自己感到滿足的時刻。可是，**人類並不知滿足為何物，最終將會自取滅亡**，由此看來，這或許也是一道界線吧。」

水之以涯，其無水者也；富之以涯，其富已足者也。人不能自止於足，而亡其富之涯乎！——〈說林下〉

旁人以你的形象而非你的本質，決定你是誰

宋國曾經由太后執政，實權則掌握在宰相手中。

宋國臣子白圭對宰相說：「主君長大成人後，便會自己執掌政事。這樣一來，您現有的權勢和地位就會遭到剝奪。幸好主君還很年輕，正竭盡全力的追求名聲。建議您不如去拜託鄰近的楚國，請他們讚揚主君的孝行。

「這樣一來，即便是主君，也無法輕易從太后手中奪走您的實權；您就會因此受到眾人敬重，並永保現在的地位。」

今君少主也而務名，不如令荊賀君之孝也，則君不奪公位，而大敬重公，則公常用宋矣。——〈說林下〉

▼作者解說

人一旦建立起某種形象，就很難輕易擺脫。換句話說，你的形象，將決定你是誰。韓非藉由這個故事來提醒大家，或許可以刻意塑造某種形象，來扭轉他人對你的態度或行為。

數據不可盡信，腦筋要靈活

鄭國有位名為且置履的男人。他打算外出買鞋，於是先在家裡量好腳的尺碼。然而，當他走進鞋店，打算試穿鞋子時才發現，自己忘了將在家量好尺碼的紙帶出門。

於是且置履連忙跑回家去拿。等到他回到鞋店的時候，店家早已打烊，結果他並沒有買到鞋子。

事後有人問他：「你怎麼不當場用你的腳去試鞋就好了呢？」

且置履：「比起自己的腳，我寧願相信量好的尺碼。」

▼作者解說

且置履的故事告訴我們，遇到狀況腦筋要靈活、懂得變通。無法順應現實變化、一味的以死腦筋看待事物，實在相當可笑。

2 看穿人際關係的現實，怎樣應對不吃虧

伍子胥從楚國逃去吳國時，被國境的官吏抓住。於是，伍子胥便說：「我之所以被追捕，是因為我有一顆非常美麗的珠寶。可是，我剛剛不小心把那個珠寶弄丟了，不在我身上。如果你不放了我，我就對外宣稱是你把珠寶搶走，還吞進肚子裡。」

這位官吏聽完之後感到非常害怕，因而釋放了伍子胥。

說謊為了自保，你就是機智

上述故事就是急中生智的最佳表現。伍子胥若是真的被抓，那位官吏肯定會被剖腹取珠、當場喪命。伍子胥便利用官吏害怕殃及自己的弱點，順利擺脫危機。即便這是個天大的謊言，也沒有人會因此譴責，反而會誇獎他機智。

子胥出走，邊候得之，子胥曰：「上索我者，以我有美珠也。今我已亡之矣，我且曰子取吞之。」候因釋之。——〈說林上〉

別指望別人犧牲利益來幫你

齊國攻打宋國。宋國派出使者臧孫子到楚國求援。楚王熱情迎接，並承諾全力援助。臧孫子順利完成任務，在回國的路途上卻愁容滿面。

車夫覺得詫異：「明明順利完成任務，您為什麼愁容滿面呢？」

臧孫子回答：「宋國是小國，齊國則是大國。照理來說不會有人願意幫助小國，而得罪大國，楚王卻輕易承諾全力援助。這肯定是想鼓吹我們奮戰到底。一旦我們全力抵抗，齊國也會疲累至極，屆時楚國就可坐收漁翁之利。」

臧孫子回國後，宋國被攻下了五座城池，卻仍沒有見到楚國的援兵。

宋小而齊大，夫救小宋而惡於大齊，此人之所以憂也，而荊王說，必以堅我也。我堅而齊敝，荊之所利也。——〈說林上〉

▼作者解說

不論是個人，還是國家，全都會追求利益，這是韓非的主張。**千萬不要指望、仰賴自己以外的人**，這個單純的原則絕不能忘記，以免到最後空歡喜一場。

不能直言老闆蠢，要點醒他

有人進獻不死之藥給楚王。謁者（編按：負責通報、接待的近侍）收下不死之藥後，準備放進庫房。

宮中衛士見狀便問：「這東西可以吃嗎？」謁者回答：「當然可以。」於是，宮中衛士便把藥吃了。

楚王聽聞後，勃然大怒，下令：「給我宰了那個混帳東西。」

宮中衛士託人向楚王解釋：「是因為謁者說這東西可以吃，微臣才把藥吃掉，因此微臣沒有罪，有罪的是謁者。而且陛下收下的是不死之藥，如果微臣因為吃了藥而遭斬殺，此藥非但沒能使人長生不老，反倒成了死藥，這不等於是向世人昭告陛下遭到蒙騙？一旦斬殺無罪之人，陛下遭騙之事便會浮上檯面。比起這些麻煩，陛下還是饒了微臣一命比較好吧？」

楚王因而收回成命。（東方朔也偷吃過漢武帝的不死藥）

中射之士使人說王曰：「臣問謁者曰可食，臣故食之，是臣無罪，而罪在謁者也。且客獻不死之藥，臣食之而王殺臣，是死藥也，是客欺王也。夫殺無罪之臣，而明人之欺王也，不如釋臣。」——〈說林上〉

不著痕跡的推薦理想人選

擔任韓國宰相的張譴重病，所剩時日不多。聽聞此事的公乘（編按：爵位名）無正，帶了三十兩黃金去探病。之後，韓國的君主也親自前去探視張譴。

韓國君主：「您不幸辭世後，該由誰來繼位才好？」

張譴：「公乘無正是個重法而懼上（編按：重視法律，對上位者懷有畏懼之心）的人。但是，公子食我比較得民心。」

張譴死後，韓國君主便拔擢公乘無正為丞相。

無正重法而畏上，雖然，不如公子食我之得民也。——〈說林上〉

▼**作者解說**

一旦接受慰問，就必須回禮，這是基本的做人道理。這個故事的有趣之處，在於張譴的巧妙回應。大家不妨想一想，對君主而言，什麼類型的人才是值得信賴，且可以令自己安心的得利助手？當然是**重法、懼上的臣子，絕非深得民心的重臣**。張譴就是利用君主的這個弱點，成功間接推薦了公乘無正作為回禮。

成本很低的好事，想想事後代價多大

曾從子擅長鑑識寶劍。當時，碰巧衛國的君主對吳王有所積怨。曾從子注意到這一點後，便前去謁見衛國君主。

曾從子：「吳王是個寶劍的愛好家，而小的是個鑑別寶劍的人。因此，小的能夠以鑑別寶劍為由，謁見吳王，並且在拔劍之際，當場刺殺吳王。」

衛國君主：「這的確是個好主意。但你願意捨身涉險，並不是出於道義，而是你個人的利益。吳國富饒且強大，衛國貧窮且弱小，在你見到吳王之後，肯定會在瞬間改變態度，反被吳王所用，到時候衛國不就危險了嗎？」

於是曾從子就被趕出了衛國。

子為之是也，非緣義也，為利也。吳強而富，衛弱而貧，子必往，吾恐子為吳王用之於我也。——〈說林上〉

▼作者解說

人會為了利益而採取行動，弱者為了保命，更會順從強者，因此，任用任何人之前，都必須做好防備，與其事後遭背叛而後悔莫及，不如打從一開始就提高警戒，會比較安全。

別怪別人不了解你，可能是他見識淺薄

古代的堯帝打算把天下讓給賢德的許由，許由不願接受便逃跑了。之後許由借宿在某個村民的家裡，沒想到村民竟然擔心皮帽遭許由偷竊，而把皮帽藏了起來。

許由連天下大權都不願接受了，怎可能為了區區幾頂皮帽而犯竊呢？由此可知，這些村民之所以推測錯誤，是因為見識淺薄、不了解許由本身高尚的節操所致。

棄天下而家人藏其皮冠，是不知許由者也。——〈說林下〉

利害一致，蝨子團結起來也能扭轉命運

寄生在豬隻身上的三隻蝨子爭吵不休。這時，有隻蝨子從旁路過，便問：「你們在吵些什麼？」

其中一隻蝨子回答：「我們在爭奪豬隻身上最肥美的地盤。」

路過的蝨子說：「你們別吵了，真是可笑！你們有想過嗎？等臘祭（編按：十二月的祭典）到了，人類就會用茅草把豬抓起來烤，到時候大家都要同歸於盡。比起爭奪那麼一點點的小小利益，還不如一起想想如何自保。」

於是，四隻蝨子便合力吸食豬隻的血肉。結果，豬隻變得瘦弱，最終躲過遭宰殺的命運。

> 若亦不患臘之至而茅之燥耳，若又奚患？——〈說林下〉

▼**作者解說**

這四隻蝨子之所以能夠拋開個人利益、團結合作，是因為若繼續爭吵便會危害到自己的性命。《孫子兵法》也曾將這個理論應用在軍隊的組織管理上。也就是說，只要讓士兵置於死地（危及性命的嚴峻狀態），**即便是曾經交惡的夥伴，仍然可以團結一致、互助合作。**

過去投你所好的人，現在可能出賣你

晉國的重臣中行文子，在逃亡至其他國家的途中，來到某個城鎮。

隨從說：「這裡的鎮長是你的舊識。不如我們先到他家休息，等待隨後的兩輛馬車，之後再一起動身吧？」

文子搖搖頭：「過去，我喜歡音樂，那個男人便送琴給我；我喜歡玉飾，他就送我玉環。這些行為其實都是在助長我的過失。**過去他努力求取我的好感，或許這次他會拿我去換取他人的好感。**」於是中行文子直接離開了城鎮。

果然，那名老相識立刻扣留了文子隨後的兩部馬車，並將其進獻給晉國的君主。

以求容於我者，吾恐其以我求容於人也。——〈說林下〉

斡旋的最佳方法：拒絕選邊站

韓國和趙國交惡。於是，韓國派使者前往魏國請求：「韓國欲討伐趙國，希望借助貴國的軍力。」

魏文侯回答：「我國和趙國乃兄弟之邦，無法借兵給貴國。」

隨後，趙國也派了使者，向魏國提出借兵攻打韓國的要求。

魏文侯同樣斷然拒絕：「我國和韓國乃兄弟之邦。恕難從命。」

遭拒的兩名使者全都憤怒的離開。但回國之後，他們才知道魏文侯同時拒絕了兩方的請求。至此，兩國君主終於了解，魏文侯是為了讓韓、趙兩國和解才使出此招，並非常感謝他的明智之舉。

二國不得兵，怒而反。已乃知文侯以搆於己，乃皆朝魏。——〈說林下〉

▼作者解說

人際關係出現衝突時，常常會遇到雙方各說各話、令主事者左右為難的狀況，處置方式如果失當，便可能招致兩邊的怨恨。仔細想想，處理這種事還真是吃力不討好。為此，像魏文侯那樣斡旋，拒絕選邊站，藉此獲得兩方的感謝。

你得比老闆在乎信用

齊國討伐魯國時，要求魯國交出代代相傳的天子寶器「讒鼎」作為抵押。魯國以贗品進獻，卻當場遭到識破。

齊國君主：「這不是贗品嗎？」

魯國君主：「不，這是真品。」

齊國君主：「那麼，就把貴國的樂正（編按：樂官之長）子春帶來。只要他說是真品，我就相信你。」

魯國君主立刻私下請求子春幫忙掩飾。

子春：「為什麼不把真品送去？」

魯國君主：「寡人不希望失去真品。」

子春：「臣也一樣，臣不希望失去自己的信用。」

> 魯君請樂正子春，樂正子春曰：「胡不以其真往也？」君曰：「我愛之。」答曰：「臣亦愛臣之信。」——〈說林下〉

他人付出親切，其實是要你無法拒絕

魏國將軍吳起攻打中山國時，有位士兵為膿瘡所苦。結果，吳起跪地，親自幫士兵吸出膿液。士兵的母親聽聞此事，嚎啕大哭。

負責傳話的男子問：「吳起將軍這麼親切，親自幫您的兒子吸膿，為什麼您會哭得這麼傷心？」

那位母親回答：「將軍也曾替那孩子的父親吸膿，我丈夫為了回報恩情，最後戰死沙場，那孩子肯定也會有相同的下場，我這是憐憫孩子的淚水。」

吳起為魏將而攻中山，軍人有病疽者，吳起跪而自吮其膿，傷者之母立泣，人問曰：「將軍於若子如是，尚何為而泣？」對曰：「吳起吮其父之創而父死，今是子又將死也，今吾是以泣。」

▼**作者解說**

該怎麼做，才能激勵部屬的士氣？吳起就是料到士兵會有這種感恩，且想要有所回報的心理，才大膽的幫士兵吸膿。對主管來說，這種程度的演技有時候是必要的。

上司習慣撒謊，部屬不會誠實

曾子的妻子外出買東西時，孩子追在後面，哭喊著要跟著一起外出。曾子的妻子說：「你先乖乖回去。等娘親回來後，就殺豬給你吃。」於是，孩子就不哭了。

妻子買東西回家後，曾子準備抓豬宰殺。

妻子慌張的說：「那只是哄孩子的話，何必當真？」

曾子說：「孩子可不認為那是玩笑話。孩子什麼都不懂，凡事都得向父母學。現在妳說謊騙了他，就等於是教他撒謊。母親若對孩子撒謊，孩子就不會相信母親。如此一來，今後不論妳教他什麼，他都不會信妳。」

於是，曾子便真的宰了豬給孩子吃。

> 嬰兒非與戲也。嬰兒非有知也，待父母而學者也，聽父母之教，今子欺之，是教子欺也。母欺子，子而不信其母，非所以成教也。——〈外儲說左上〉

私怨不入公門，應以大局為重

晉國有位名為解狐的重臣，有次，他把自己憎恨的一位男子，舉薦給握有實權的趙簡子，讓對方擔任國相一職。

這位男子以為自己得到解狐的原諒，便親自前去答謝解狐。然而，解狐卻大陣仗的張弓搭箭，不讓對方入內。

解狐說：「我舉薦你是基於公事，因為我認為你有勝任這個職位的能力；我憎恨你則是個人對你的私怨，**我不會因為個人的恩怨，而妨礙國家的人才任用**。正所謂私怨不入公門，我不過就是貫徹這個理念罷了。」

夫薦汝公也，以汝能當之也。夫讎汝，吾私怨也，不以私怨汝之故擁汝於吾君。故私怨不入公門。——〈外儲說左下〉

3 面對（處理）人間事的智慧

以前，名醫扁鵲謁見蔡桓公。診察了一會兒後，扁鵲說：「陛下的病灶在皮膚裡面，應趁早處理。」

蔡桓公堅決否認：「不，我沒生病。」

扁鵲離開後，蔡桓公對侍從說：「醫生就是這麼煩人。他們喜歡幫沒病的人治病，藉此彰顯自己的醫術。」

十天之後，扁鵲又來了：「病灶已經深入肌肉。若不盡快醫治，病況將越來越難治。」

蔡桓公沉默不語。扁鵲離開後，蔡桓公甚至露出厭惡的表情。

又過了十天，扁鵲再度前來謁見：「病灶已經深入五臟六腑。若不盡快醫治，病情將越加嚴重。」

蔡桓公還是沉默不語。扁鵲離開後，蔡桓公再度露出厭惡的表情。

接著，又過了十天，扁鵲還是出現了。可是，扁鵲見到蔡桓公後，什麼話也沒說，便默默轉身離開了。蔡桓公差人問他為什麼離開，扁鵲回答：「病灶尚停留在肌膚的時候，靠湯藥便可痊癒。若深入肌膚，可靠針灸醫治。可是，一旦深入骨髓，就無法可醫了。陛下的病灶早已經深入骨髓。因此，臣已愛莫能助。」

五天後，蔡桓公的身體開始疼痛，眾人慌張尋找扁鵲，但扁鵲早已經逃到秦國。最後，蔡桓公病死了。

麻煩的事擺著不會消失，儘早處置

就像這樣，良醫會趁病灶潛藏在肌膚的時候，把握時間找出病因、加以醫治。也就是說，**凡事要在稍有跡象的階段及時處理**。

不光是疾病，所有的事情都是同樣的道理。因此聖人在面對事情時，總是會盡可能的及早處理。

良醫之治病也，攻之於腠理，此皆爭之於小者也。夫事之禍福亦有腠理之地，故曰：聖人蚤從事焉。——〈喻老〉

▼作者解說

《左傳》曾說「病入膏肓」，一旦病情危及到某種地步，即便是神醫也束手無策。《戰國策》也有一句「智者見於未萌」，意思是聰明的人總在事情還沒有萌發時，就已經有所察覺，並採取適當對策。

心有雜念，就很難獲勝

晉國的重臣趙襄主，向一位名為王子期的男人學習駕馭馬車的方法。某天，趙襄主臨時起意，和王子期比賽，可是，前後換了三次馬匹，趙襄王都敵不過王子期。趙襄主說：「看來，你沒有把關鍵的祕訣教給我。」

聽到這番怨言後，王子期不卑不亢的回答：「不，我已經把所有的祕訣都傳授給您了，只是您的用法不對。駕馭馬車的時候，必須讓馬順應車子，同時，駕馭者的心也必須和馬合而為一。如果能夠做到這點，馬車就能跑得越快、越跑越遠。

「剛才比賽的時候，當您落後時，便急著想追上我；您在我前頭時，又深怕被我追上，你的心思只放在爭先恐後上頭。實際上，兩人較量時，不就是一個在前、一個在後嗎？然而，不論您是超前還是落後，您總是在擔心是否被我超前。這樣一來，自然就無法和馬兒合而為一。這就是您始終無法超越我的原因所在。」

> 今君後則欲逮臣，先則恐逮於臣。夫誘道爭遠，非先則後也。而先後心皆在於臣，上何以調於馬，此君之所以後也。——〈喻老〉

▼**作者解說**

王子期說的話，可以彙整成下列兩個重點：

一、心無旁騖。

二、專注力。

做事最重要的是專注，當你心有雜念，就很難獲勝。

救援他人也得挑對時機

晉國討伐邢國時，齊桓公打算馬上派出援軍。這時，名為鮑叔牙的重臣上前提出諫言：

「現在派出援軍時間太早。現階段要讓晉國全力攻打邢國，才能削弱晉國的戰力；一旦晉國的戰力削弱，我們的地位就會變得更高。況且，扶助危難國家的功勞，遠不如幫助滅國者東山再起的恩德，現在不宜操之過急。等晉國的戰力削弱，對我們比較有利。

「另外，等邢國被消滅後，再幫助他們復國，我們才能贏得真正的美名。」

於是，齊桓公便暫緩救援的行動。

夫持危之功，不如存亡之德大。君不如晚救之以敝晉，齊實利。待邢亡而復存之，其名實美。——〈說林上〉

▼作者解說

處理任何事宜時，應隨時以效率為優先考量，「低成本又能獲得最大成果」才是最理想的。在削弱對手勢力的同時，又能賣人情給其他人，可說是一舉兩得。

跳槽前，先確認是否有你的舞臺

魯國有一對夫妻，丈夫擅長編麻鞋，妻子擅長織熟絹（編按：絹布在織製完成後，未經膠礬的稱生絹，經過膠礬的則稱熟絹），兩人各有所長。夫妻倆希望過更好的日子，而決定搬去越國。

某個男人得知此事，便提出忠告：「你們如果真的搬去越國生活，肯定會變得窮苦無依。」

丈夫問：「為什麼？」

男人回答：「鞋子是穿在腳上的用品，但越國人都是赤足而行；熟絹是冠帽的材料，但越國人全都披頭散髮，從不穿戴冠帽。你們雖有超凡的技藝，卻打算去一個無法發揮技藝的國家，怎可能不窮困潦倒呢？」

> 以子之所長，游於不用之國，欲使無窮，其可得乎？——〈說林上〉

▼**作者解說**

若要行事順利、成功，就必須達到下列三個條件：

一、天時。

二、地利。

三、人和。

這則故事說的是地利的重要。

努力的方向比努力的程度重要

衛國有個男人，在女兒出嫁時告訴她：「出嫁後，妳要盡可能積存私房錢。因為夫家休妻是很常見的事，妳未必能夠長住在夫家。」

於是，女兒便勤奮的積存私房錢。結果，婆婆認為她是個唯利是圖的貪婪媳婦，而把她趕出家門。

回到娘家時，女兒的財產是出嫁時的兩倍之多。但這位父親完全不後悔教女兒做了錯誤的事，反而還誇耀自己的先見之明。

當代的官吏所做的事，全都和這個男人一模一樣。

其父不自罪於教子非也，而自知其益富。今人臣之處官者皆是類也。——〈說林上〉

▼作者解說

這個媳婦的悲劇在於**本末倒置**、**全然忘了自己的本分**。一旦最初的方向錯誤，當你越是努力，事態就會變得越嚴重。為避免這樣的後果，一開始就必須確認目標是否正確。

上司的權宜之計別當成普通法則

郜國（編按：郜音同告）的伯樂，是鑑定馬匹好壞的名人，對於自己不喜歡的弟子，他會教導鑑定名馬的方法；如果是自己喜愛的弟子，他則教導鑑定普通馬匹的方法。

這是為什麼？

因為名馬稀少，利益較少。相對之下，普通馬匹則每天都在出售，所以可以獲得較多利益。這就是《周書》說的「把權宜之計當作普遍法則，你就會看不清楚真相」（編按：原文為「下言而上用者，惑也」）。

保留餘地，就能減少失敗

有位名為桓赫的人說：「雕刻的時候，鼻子要盡可能刻大一點，眼睛要盡可能刻小一點。因為大鼻子可以改小，小鼻子沒辦法變大；小眼睛可以改大，大眼睛則沒辦法變小。」

不光是雕刻，這個道理也可以套用在所有事物上頭。做事只要保留一些餘地，就不會輕易失敗。

為其不可復者也，則事寡敗矣。——〈說林下〉

即使失敗，也比什麼都不做好上百倍

宋國有位名為監止子的富商。有一次，他和其他商人一起競標，想買下某塊起標價百兩黃金的璞玉。

他刻意讓璞玉摔落地面，璞玉受損後，再支付百兩黃金的賠償金收購璞玉。接著，他把璞玉的損傷磨掉重新出售，結果賺得千鎰（編按：古代計算重量的單位。每二十兩或二十四兩為一鎰）銀兩。

這個故事告訴我們，**即使做事失敗（修補受損的玉賣不出好價錢），也比什麼都不做好上百倍**。監止子所做的事就是如此。

> 事有舉之而有敗而賢其毋舉之者，負之時也。——〈說林下〉

用意不必先說透，方能進可攻，退可守

韓釐王登基前，曾有過這樣的插曲。

當時，韓釐王的弟弟委身於周國，周國想助其弟登上王位，但若弄巧成拙，遭韓國拒絕，恐怕顏面盡失。

這個時候，名為綦毋恢的謀臣向周國君主進言：「不如用百輛兵車送其弟返國。若是他能順利成為君主，就說百輛兵車是作為護衛之用；若是無法順利成為君主，就說是為了護送逆賊回韓國，如此一來便萬無一失了。」

不若以車百乘送之。得立，因曰為戒；不立，則曰來效賊也。——〈說林下〉

懲罰，得罰對方有感為止

吳王闔廬攻打楚國的郢都，贏得三戰三勝的戰績。闔廬為此感到心滿意足，便對參謀伍子胥說：「差不多可以收兵了吧？」

伍子胥回答：「要讓人溺死時，如果只讓他喝一口水就罷手，就沒有辦法達成目的，而是要持續灌水才能收到成效。此外，當對方喝不下之後，繼續乘勝追擊，讓他完全沉入水底，更是上上之策。」

溺人者一飲而止則無逆者，以其不休也，不如乘之以沈之。——〈說林下〉

知道自己的不足，才是具有足夠智慧

墨子曾用樹木製作木鳶（編按：即風箏，相傳出於魯班之手。最早的風箏並不是以紙製作，而是木製的），花了三年的時間才完成，但木鳶只飛了一天就壞了。

墨子的弟子讚嘆：「沒想到您居然能讓木鳶飛翔，先生的手藝真是精巧。」

墨子回答：「不，我還敵不過製作車輗（編按：連接大車車杠與車衡的零件）的人。他們使用八寸或一尺不到的木料，不用一個早晨的時光，就可以把車輗做好。別看他是輕輕鬆鬆的做，那車輗竟能拉動三十石重量的東西，走再遠的路都可以負荷得了，而且可以用上好多年。

「而我呢，光是一隻木鳶就要耗去三年歲月，而且，只飛了一天就壞了。」

惠子聽聞後，說道：「墨子懂得造車輗的人手巧，而自己拙於造木鳶的事實。這才是真正的巧匠。」

吾不如為車輗者巧，用咫尺之木，不費一朝之事，而引三十石之任致遠，力多，久於歲數。今我為鳶，三年成，蜚一日而敗。——〈外儲說左上〉

▼作者解說

墨子是當時的頂尖工匠，唯有同道中人才能體會彼此的苦心。**曲高和寡的議論，或是毫無實用價值的言論都沒有任何價值**，千萬不要被迷惑，這就是韓非想傳達的觀點。

最簡單的任務，往往最困難

有一位門客為齊王作畫，齊王問他：「你認為什麼樣的畫最困難？」

門客：「狗和馬最難畫。」

齊王：「那麼，最簡單的又是什麼？」

門客：「畫鬼最容易。狗和馬是眾所皆知的動物，反而難畫。另一方面，鬼魅是無形的，沒人見過實際樣貌，所以容易畫。」

鬼魅最易。夫犬馬、人所知也，旦暮罄於前，不可類之，故難。鬼魅、無形者，不罄於前，故易之也。——〈外儲說左上〉

不懂也不問，就算歪打正著也是犯錯

有個住在楚國郢都的男人，寫信給燕國的宰相。當時是夜晚，燭火的光線十分昏暗。於是他出聲命令僕人：「把燭檯舉高。」

沒想到他卻不自覺的把「舉燭」這句話寫進了信裡。收到信件的燕國宰相看到後，便以自己的想法解讀：「所謂的舉燭，就是崇尚光明之意，這個人一定是希望國家能多任用賢才。」

宰相馬上向燕國君主進言。君主也相當感動，便多方任用賢才，使國家得到更好的治理。國家治理得當固然是樁美事，但此「舉燭」之解，並不是寫信人的原意。如今也有許多學者都有望文生義、自行解釋的類似情況。

> 燕相白王，王大說，國以治，治則治矣，非書意也。今世舉學者多似此類。——〈外儲說左上〉

培育人才等於培育班底

魯國臣子陽虎，有次從齊國逃往晉國，投靠名為趙簡子的重臣。簡子問陽虎：「聽說你善於培育人才？」

陽虎回答：「不，沒那回事。我在魯國時，栽培過三個人才，三位都坐上宰相之位，我卻遭罪成了逃亡之身，現在他們三個都用盡全力在搜捕我。

「另外，在齊國的時候也是一樣，當時我舉薦了三個人才。他們一個成了君主的親信、一個成了縣令，另一個則成了候吏（編按：古代掌管道路整治、稽查姦盜，或迎送賓客的官員）。然而，在我被問罪之後，君主的親信開始避不見面，縣令帶頭截捕我，候吏則追著我直到國境才善罷甘休。老實說，我一點都不善於培育人才。」

簡子低頭笑道：「若是栽種橘子或柚子，可以嚐到果實的美味、聞到果皮的芳香。但如果栽培枳木與棘木，上頭的荊棘則會把人刺得遍體鱗傷。由此看來，君子還是該慎選培育的對象才是。」

> 夫樹橘柚者，食之則甘，嗅之則香；樹枳棘者，成而刺人；故君子慎所樹。——〈外儲說左下〉

國家圖書館出版品預行編目（CIP）資料

韓非子領導學：王者的教材，你對人性不再失望，而是為你所用。／守屋洋著；羅淑慧譯. --二版.-- 臺北市：大是文化，2025.03
272面；14.8×21公分.--（Biz；473）
譯自：リーダーに絶対役立つ韓非子
ISBN 978-626-7539-80-4（平裝）

1.CST：韓非子　2.CST：研究考訂　3. CST：企業領導

494.2　113017932

Biz 473

韓非子領導學

王者的教材，你對人性不再失望，而是為你所用。

（原版書名：絕對有用的韓非子領導學）

作　　者／守屋洋
譯　　者／羅淑慧
責任編輯／林渝晴
副 主 編／陳竑悳
副總編輯／顏惠君
總 編 輯／吳依瑋
發 行 人／徐仲秋
會 計 部｜主辦會計／許鳳雪、助理／李秀娟
版 權 部｜經理／郝麗珍、主任／劉宗德
行銷業務部｜業務經理／留婉茹、專員／馬絮盈、助理／連玉
　　　　　行銷企劃／黃于晴、美術設計／林祐豐
行銷、業務與網路書店總監／林裕安
總 經 理／陳絜吾

出 版 者／大是文化有限公司
　　　　　臺北市 100 衡陽路 7 號 8 樓
　　　　　編輯部電話：（02）23757911
　　　　　購書相關諮詢請洽：（02）23757911 分機 122
　　　　　24 小時讀者服務傳真：（02）23756999
　　　　　讀者服務 Email：dscsms28@gmail.com
郵政劃撥帳號／ 19983366　戶名／大是文化有限公司

香港發行／豐達出版發行有限公司
　　　　　Rich Publishing & Distribution Ltd
　　　　　香港柴灣永泰道 70 號柴灣工業城第 2 期 1805 室
　　　　　Unit 1805, Ph.2, Chai Wan Ind City, 70 Wing Tai Rd, Chai Wan, Hong Kong
　　　　　Tel：21726513　Fax：21724355
　　　　　E-mail：cary@subseasy.com.hk

封面設計／林雯瑛
內頁排版／王信中
印　　刷／緯峰印刷股份有限公司
出版日期／2025年3月二版
定　　價／420元（缺頁或裝訂錯誤的書，請寄回更換）
I S B N／978-626-7539-80-4
電子書ISBN／9786267539828（PDF）
　　　　　　9786267539835（EPUB）
